Lehmarchitektur

Lehmarchitektur

Die Zukunft
einer vergessenen Bautradition

Herausgegeben von Jean Dethier
Mit einem Vorwort zur deutschen Ausgabe von Heinrich Klotz
sowie Beiträgen
von Karl Heinz Striedter und Hildegard Erhard

Prestel-Verlag München

Ausstellung im Centre Georges Pompidou, Paris
28. 10. 1981–1. 2. 1982

Ausstellung im Deutschen Architekturmuseum, Frankfurt am Main
25. 3. – 16. 5. 1982

Die Übersetzung aus dem Französischen besorgten: Antonio Avella und Jutta Fanurakis, München

Dieser Katalog enthält insgesamt 331 Abb., davon 65 in Farbe

Der Einband zeigt auf der Vorderseite Shibam, Südjemen, auch ›Manhattan der Wüste‹ genannt. Siehe auch S. 82/83. (Foto: Christian Monty).

Auf der Rückseite *oben,* Außenansicht des Hauses ›Balcomb residence‹, Santa Fé, New Mexico, USA. (Foto: Jacques Evrard, 1981). Siehe auch S. 186/187. *Unten,* Innenansicht des Meditationsraumes im Kommunikationszentrum ›Lama Foundation‹, New Mexico, USA. Siehe auch S. 191. (Foto: Jacques Evrard 1981).

CIP-Kurztitelaufnahme der Deutschen Bibliothek

Lehmarchitektur : d. Zukunft e. vergessenen Bautradition ; [Ausstellung im Centre Georges Pompidou, Paris, 28.10.1981 – 1.2.1982 ; Ausstellung im Architekturmuseum Frankfurt am Main, 25. März – 16. Mai 1982] / hrsg. von Jean Dethier. Mit e. Vorw. zur dt. Ausg. von Heinrich Klotz sowie Beitr. von Karl Heinz Striedter u. Hildegard Erhard. [Die Übers. aus d. Franz. besorgten: Antonio Avella u. Jutta Fanurakis]. – München : Prestel, 1982.
Einheitssacht.: Des architectures de terre ou l'avenir d'une tradition ⟨dt.⟩
NE: Dethier, Jean [Hrsg.]; Striedter, Karl Heinz [Mitverf.]; Centre National d'Art et de Culture Georges Pompidou ⟨Paris⟩; EST

Printed in Germany
Farbreproduktionen in Zusammenarbeit mit Interni, Gruppo editoriale Electa, Mailand
Schwarzweißreproduktionen France Photogravure, Lyon, und Brend'amour, Simhart & Co, München
Satz: Fertigsatz GmbH, München
Druck: Karl Wenschow, München
Bindung: Conzella, Urban Meister, München

ISBN 3-7913-0586-7

Entwurf und Ausführung der Ausstellung
Jean Dethier

Realisierung
Produktionsassistentin: Cathérine Zbinden
Ausführende Architekten: Dominique Pidance und Alain Le Balh
Historische Recherchen: Ruth Eaton
Ikonographie: Marcio Mazza, Architekt

Die Ausstellungskonzeption für die Ausstellung im Kunstverein Frankfurt wurde von Dominique Pidance und Alain Le Balh erarbeitet, in Zusammenarbeit mit dem
Centre National d'Art et de Culture Georges Pompidou
Centre de Création Industrielle (C. C. I.), Paris
dem Deutschen Architekturmuseum, Stadt Frankfurt a. M.
und der Fondation des Pays de France, Paris

Aquarellierte Architekturpläne
Dominique Pidance und Alain Le Balh und Minh-Nan Chu Van, Marc Damêne, Rachid Khayatey-Houssaini, Gil Planson und Viviane Savornin

Exponate
exklusiv für die Ausstellung erarbeitet und realisiert (in alphabetischer Reihenfolge):
Patrice Alexandre, Paris
Pierre Baey, Pompignan
Vincent Creuzeau, Paris
Gisèle Deneumoustier, Brüssel
Michel Jaffrennou, Paris
Ricardo Wolfson, London

17 große Modellbauten
Entwurf: Jean Dethier
Ausführung: Dominique Pidance, Alain Le Balh und Sylviane Leprun
Realisierung: Gisèle Castanier und Isabelle Prieur

Beratung
Patrice Doat und Hugo Houben, Gruppe CRATerre, Grenoble/Brüssel
Karl-Heinz Striedter, Frobenius-Institut, Frankfurt a. M.

Vorwort

Wenn wir von der Architektur der Dritten Welt sprechen, so denkt man nur allzu schnell an die modernen Regierungszentren wie Dacca in Ost-Pakistan und Chandigarh in Indien, jene von Louis Kahn und Le Corbusier errichteten Hauptstädte nach europäischem Muster, mit denen unsere eigenen Wertvorstellungen der Architektur-Avantgarde auf die unterschiedlichsten Länder übertragen wurden. Doch auch die Architekten dieser Länder selbst haben sich die Begriffe europäischer und amerikanischer Architektur zu eigen gemacht und die westlichen Rezepte des Neuen Bauens weitgehend übernommen. Erschreckt stehen wir heute vor den Massenquartieren jener Wohnhochhäuser, mit denen ein westliches Übel über jede Vorstellung hinaus verschlimmert worden ist. Die Hochhaus-Siedlungen in Hongkong oder die zwölfgeschossigen Brutkästen am Rande der nordafrikanischen Städte, die höllischen Wohnquartiere in den Cities von Bangkok und Singapur übertreffen alles, was je in Europa oder in den USA an menschenfeindlichen Hochhausslums geschaffen wurde.

In einer solchen Situation tut not, daß wir uns der regionalen Architektur dieser Länder erinnern und aus dem weltweit verallgemeinerten Schema des modernen Bauens herausfinden, um die ortsüblichen Bauweisen zu erneuern und den eigenen Möglichkeiten, Erfahrungen und Traditionen dieser Länder wieder zu entsprechen. Gemäß einer Entwicklungshilfe, die sich anschickt, das missionarisch eifernde Durchsetzen europäischer Maßstäbe aufzugeben und statt dessen die Überlieferung und die lokalen Bedingungen in diesen Ländern erneut zu respektieren, muß auch die Architektur aufhören, voraussetzungslos, einem übernationalen Allgemeinschema entsprechend, auf alle regionalen und ethnischen Sonderheiten aufgepfropft zu werden. Wenn irgendwo, so ist es hier begründet, von einem neuen Regionalismus in der Architektur zu sprechen. Wie sich inzwischen herausstellte, ist das Patentrezept, das für die ganze Welt gelten sollte – eine Architektur der Stahlraster und der Großcontainer –, nicht einmal mehr von ihren Erfindern noch anwendbar.

Um so bedeutungsvoller sind jene Versuche, wie sie etwa der ägyptische Architekt A. Faraoui unternimmt, ›moderne‹ Wohnungen seines Landes aus Lehmziegeln zu bauen und kühle hohe Gewölbe über die Räume der Häuser zu ziehen. Ein altes Baumaterial, von den Technik-Utopisten der Gegenwart als primitiv bewertet, kommt wieder zu Ehren. So sehr dies in den Ländern traditionellen Lehmziegelbaus angebracht erscheinen will, so sehr wird im Zeitalter der Energieprobleme das Lehmziegelhaus sogar in Europa aktuell. Plötzlich könnte der Mechanismus sich umkehren und die Europäer könnten einmal von den Entwicklungsländern lernen. Schon früher hat es in Europa in Krisenzeiten, zum Beispiel nach dem Ersten und Zweiten Weltkrieg, Lehmziegelbauten gegeben. Sind dies Vorzeichen und Merkzeichen auf dem Weg aus den künftigen Krisen heraus? Sollte nicht jeder Hinweis auf alternative Materialien und Methoden recht willkommen sein?

Aber auch in anderer Hinsicht fordert die Lehmarchitektur, besonders die Afrikas, zu einem Vergleich mit dem ›modernen‹ Leben heraus. Am Beispiel der ›Eingeborenen-Häuser‹ zeigt sich, wie bedeutsam die hierzulande immer noch als zweckfremd verworfenen Ornamentalformen für das Selbstverständnis der Bewohner sind, wie sehr der Fassadenschmuck als Identitätszeichen der eigenen Heimat benötigt wird. Man könnte den Eindruck gewinnen, daß uns mit einem afrikanischen Haus vorgeführt wird, was im Idealfall zur vollen Entfaltung des Lebens gehört und welche Bedingungen Architektur erfüllen muß, wenn sie dem Menschen eine gesicherte und vertraute Umwelt abgeben soll.

Das neu gegründete Deutsche Architekturmuseum in Frankfurt am Main möchte mit dieser Ausstellung ein erstes Zeichen setzen auch für seine künftigen Unternehmungen.

Die Zusammenarbeit mit dem Centre Pompidou in Paris, dem wir die Vorbereitung dieser Ausstellung danken, soll fortgesetzt werden. Das Frankfurter Frobenius-Institut hat zum Gelingen der Ausstellung beigetragen. Dem Frankfurter Kunstverein danken wir für die Bereitstellung der Räume; und seinem Direktor, Dr. Weiermair, wie auch den Mitarbeitern des Kunstvereins danken wir für die erwiesene Hilfe beim Aufbau der Ausstellung. Von seiten des Deutschen Architekturmuseums war Dr. Volker Fischer wesentlich an der Vorbereitung der Ausstellung beteiligt.

HEINRICH KLOTZ

Direktor des Deutschen Architekturmuseums

Dieser Band erschien ursprünglich in französischer Sprache als Begleittext für die internationale Ausstellung ›DES ARCHITECTURES DE TERRE OU L'AVENIR D'UNE TRADITION MILLENAIRE‹ (Lehmarchitektur oder die Zukunft einer jahrtausendealten Tradition) 28. 10. 1981–1. 2. 1982 in Paris. Die Ausstellung, die bei Publikum, Presse und in Fachkreisen große Anerkennung fand, wurde vom ›Centre National d'Art et de Culture Georges Pompidou‹ (CCI) in Paris in Zusammenarbeit mit dem Deutschen Architektur-Museum in Frankfurt/Main realisiert und wird 1982-1983 in fünf europäischen, 1983-1984 in sechs nordamerikanischen Städten, und danach in verschiedenen Ländern der Dritten Welt zu sehen sein.
Anläßlich der Ausstellung in Paris 1981 stellte Jean Dethier mit dem Centre Georges Pompidou ein Programm zusammen, zu dem Symposien, Veröffentlichungen und Filme über das Thema Lehmarchitektur gehörten. Außerdem wurde ein Architektenwettbewerb für eine experimentelle Mustersiedlung mit fünfzig Wohnhäusern aus Lehm ausgeschrieben, die in einer neuen Stadt in der Isle d'Abeau zwischen Lyon und Grenoble gebaut werden soll. In einem nationalen Wettbewerb wurden 1981 zehn französische Architekturgruppen ermittelt. Mit dem Bau soll 1982 begonnen werden. Es wird das erste Siedlungsprojekt in Frankreich seit der Energiekrise 1973 sein, das ausschließlich Lehm als Baumaterial verwendet.

Inhalt

Loblied auf den Lehm

In den Anfängen menschlichen Lebens auf unserem Planeten benutzte der Mensch instinktiv – ebenso wie die Tiere – die von der Natur gebotenen Schutzmöglichkeiten. Später errichtete er Bauwerke, anfänglich mit dem Material, das ihm in seiner Umgebung zur Verfügung stand, erst in jüngerer Zeit mit herbeitransportierten oder industriell hergestellten Baustoffen.

Die Architektur erreichte so am Ende dieser Entwicklung eine gewisse Freiheit in Formen und Bauweise, doch diese der Kreativität zugute kommende Freiheit führte auch wiederum zu einer wirtschaftlichen Abhängigkeit von den Energiequellen und dem Produktionsrhythmus der am Bau Beteiligten.

Das Thema dieser Ausstellung ist die an der Luft oder Sonne getrocknete Lehmerde, deren Bezeichnungen Lehmstein, Stampferde, Luftziegel, Lehmziegel von den verschiedenen, seit altersher verwendeten Techniken und Herstellungsarten abhängen. Zum Unterschied von dem ungebrannten Lehmziegel sind zur Herstellung des gebrannten Backsteins Holz, Kohle oder Elektrizität notwendig. Obwohl beide aus dem gleichen Grundstoff bestehen, hat der Backstein im Laufe der Jahrhunderte überall in der Welt dank seiner Festigkeit, Wetterbeständigkeit und der Vielzahl seiner Anwendungsmöglichkeiten – sowie seit hundertfünfzig Jahren auch dank seiner industriellen Herstellung – die ungebrannte Lehmerde als Baumaterial ersetzt.

Warum stimmen wir also ein Loblied auf den Lehm an? Nur, um im Namen der Geschichtswissenschaft oder des Interesses für exotische Länder Bauwerke von majestätischer Schönheit mit dicken Mauern und massiven, mit Schmuckelementen verzierten Formen zu zeigen? Derartige Paläste und Moscheen, Symbole politischer und religiöser Macht, konnten freilich nur durch den Schweiß der Untertanen und Gläubigen erbaut und jahrhundertelang in gutem Zustand erhalten werden. Zweifellos wäre es deshalb angebracht, auch auf bescheidenere Behausungen hinzuweisen, die entweder von einzelnen oder von – immer mehr verschwindenden – solidarischen Dorfgemeinschaften errichtet wurden. Das steht jedoch dem von den Entwicklungsländern angestrebten Image entgegen. Es besteht dort ein starker Gegensatz zwischen der Bauweise des täglichen Lebens und der Prunkarchitektur, auf dessen Problematik wir noch zu sprechen kommen werden.

Die ungebrannte Lehmerde wurde jahrhundertelang in allen Kontinenten verwendet, auch in Europa. Häufig diente sie für die Behausungen armer Leute oder wurde vorwiegend in Gegenden benutzt, wo Mangel an anderen Baustoffen herrschte. Der steigende wirtschaftliche und soziale Fortschritt ließ die Lehmbauweise in zunehmendem Maße zugunsten kostenaufwendigerer moderner Materialien zurücktreten. Die Wohnformen haben überall in der Welt allmählich feste, zur Einheitlichkeit tendierende Normen angenommen. Die spezifische Eigenart von Städten und Dörfern – grundlegende Komponente einer geistigen Identität, die aus Lebensformen und Denkweisen, aus Kulturtraditionen und ererbten Verfahrensweisen, aus Wirklichkeit und Träumen besteht – hat sich abgeschwächt, an ihre Stelle sind ›Modelle‹ getreten, die in ihrer doppelten Bedeutung zu verstehen sind: als ›Gegenstände, die sich nachahmen lassen‹ und als ›Muster, denen man folgen soll‹. Der internationale Stil hat überall an Boden gewonnen.

Seit einigen Jahren ist jedoch eine von technologischen Verbesserungen ausgehende Neubelebung bei der Verwendung der ungebrannten Lehmerde als Baumaterial zu verzeichnen. Ungefähr vor dreißig Jahren begann man in Asien ebenso wie in Europa bei der Errichtung von riesigen Stauwehranlagen, die zur Erzeugung von Elektrizität aus Wasserkraft oder als Sammelbecken für Bewässerungssysteme dienten, verfestigte Erdmaterialien zu verwenden. Diese ›Rehabilitation‹ der ungebrannten Lehmerde wurde durch die Erdölkrisen in jüngster Zeit noch gefördert. Da sie ein an Ort und Stelle zu verarbeitender Baustoff ist, sind keine umfangreichen Schwertransporte nötig, erfordert ihre Nutzung außer der menschlichen Arbeitskraft nur geringe zusätzliche Energien.

Die Temperatur in den Räumen eines Lehmhauses bleibt recht beständig, deshalb ist es im Sommer darin kühl und im Winter warm; durch die Verbindung mit natürlichen Energien, besonders mit der Sonneneinstrahlung, ist eine fast gleichmäßige Wärmeregulierung erreichbar. Dank der Arbeit von Forschern, Wissenschaftlern und Architekten interessieren sich hochtechnisierte Länder immer mehr für neue Verfahren der Verfestigung und Bearbeitung von Lehmerden, wobei man sich vor allem darum bemüht, an den Fundamenten sowie bei den Dächern der Bauten einen besseren Schutz gegen die Feuchtigkeit zu erzielen.

Beispielhafte und oft geradezu protzige Bauwerke, die das Stadium eines Prototyps weit hinter sich gelassen haben, entstehen in großer Zahl in den Vereinigten Staaten; spezielle Organisationen der UNO, wie die Kommissionen für multilaterale oder bilaterale Zusammenarbeit, unterstützen experimentelle Programme in den Entwicklungsländern, insbesondere in den am stärksten zurückgebliebenen; diese Programme sollen dazu beitragen, für die Errichtung von ländlichen oder städtischen Behausungen oder Siedlungen die wirtschaftlichste Lösung zu finden. In beiden Fällen wird eine Wiederbelebung der Tradition gefördert. Man kehrt zu den ›Wurzeln‹ zurück; in den USA zum Beispiel greift man Traditionen der Pueblo-Siedlungen von New Mexico wieder auf; nach dem Zweiten Weltkrieg wurde von dem ägyptischen Architekten Hassan Fathy in Gourna das ›nubische‹ Gewölbe wiederverwendet.

Die ungebrannte Lehmerde war häufig das Grundmaterial genialer Architekten, die das überlieferte Kulturgut weitergegeben haben. Durch die Gründung von Kolonien sowie durch die wirtschaftlichen Interessen, die die westlichen Mächte seit mehr als einem Jahrhundert vertreten, haben sie in den Entwicklungsländern auf vielen Gebieten Modelle eingeführt. Ein Modell im Bereich des Wohnbaus war die Verwendung von Zement und Blech. Die Bauformen wie die Lebensweisen wurden durcheinandergewürfelt. So bekamen Häuser zusätzlich zu ihrem Gebrauchswert noch einen Tauschwert. Eine zivilisatorische Nebenerscheinung war auch die Lockerung und Auflösung der traditionellen Dorfgemeinschaft, die sich im Bereich des Wohnbaues dahingehend ausgewirkt hatte, daß die an Ort und Stelle vorhandenen Baumaterialien und keine anderen verwendet wurden.

So streift diese Darstellung auch die Auseinandersetzung zwischen Tradition und Moderne, die sich hier einstellen muß, sobald zu der technischen Handhabung dieser Bauweise, die im übrigen mehr oder weniger leicht zu beherrschen ist, soziologische Vorurteile hinzutreten. Zu Recht oder Unrecht wird die Verwendung von Lehm im individuellen Wohnungsbau als Kriterium für Mangel und Armut angesehen, während moderne Baustoffe eher die Illusion des Reichtums und damit des Fortschritts erwecken.

Sind diese festgefahrenen Denkweisen zu verändern, und wenn sie es sind, auf welche Weise kann ein Umdenken stattfinden? Hat die freiwillige Armut Mahatma Gandhis, abgesehen von dem Erfolg der politischen Unabhängigkeit, Indien einen neuen Weg zu Wachstum und Wohlstand gewiesen, einen Weg, der eine echte Wahl und nicht nur ein Diktat darstellt? Was werden die Konsequenzen einer strengen Befolgung der traditionellen starren Vorschriften des schiitischen Islam im Iran sein? In diesen beiden extremen Beispielen wurde überraschend ein von einem gewaltigen Konsensus der Massen getragener, im Inneren eines Volkes wirkender Wille deutlich, der befürchten läßt, daß die Erfolgsaussichten einer von auswärts herangetragenen Aktion, mag sie technologisch noch so fortgeschritten sein, sehr begrenzt sind.

Im Bereich der Wohnarchitektur ist jede Entwicklung von der Haltung des einzelnen Individuums abhängig, zumal in einem Lebensraum, der von Armut und Naturkatastrophen geprägt ist; sie wird jedoch auch durch die demographische Expansion und den Generationenkonflikt mitbestimmt, in dem der Anschein eines wirtschaftlichen und sozialen Fortschritts für wichtiger angesehen wird als die Rückkehr zur Tradition, um die Würde des einzelnen wiederherzustellen und ein neues Menschenbild zu schaffen.

Eine dynamische Weiterentwicklung, die glänzende Architekten und großherzige internationale Organisationen fördern wollen, hängt ab von den möglichen Wirkungen einer eigenständigen Entwicklung und Erneuerung der überkommenen Techniken, in denen die junge Generation ausgebildet werden muß. Mao sagte: »Es ist besser zu lernen, wie man Fische trocknet, als einen getrockneten Fisch geschenkt zu bekommen.«

Ein Loblied auf den Lehmbau anzustimmen, bedeutet, mit Leidenschaft gegen überkommene Ideen und Haltungen ins Feld zu ziehen und zu einem neuen Abenteuer aufzurufen. Der Erfolg einer derartigen Initiative hängt davon ab, in welchem Maße sie sich die potentiell Interessierten zu eigen machen. Augenblicklich können wir den Erneuerern der Lehmbauweise nur unseren Dank aussprechen. Die Reintegration dieser Techniken in ihrer zeitgemäßen Form in das kulturelle Selbstverständnis der in Frage kommenden Länder hängt jedoch allein von diesen selbst ab.

JACQUES MULLENDER

Direktor des Centre de Création Industrielle

Der Genius der Erde

Im Anfang war die Erde

Seit der Zeit, als die Menschen vor fast zehntausend Jahren die ersten geschlossenen Siedlungen errichteten, war die Lehmerde, entsprechend den geschichtlichen und volkstümlichen Traditionen, einer der ersten Baustoffe, die auf unserem Planeten verwendet wurden – und ist es bis in unsere Zeit geblieben.

Denn mehr als ein Drittel der Erdbevölkerung lebt heute noch in Lehmbauten. Schon in der Antike machte man in Mesopotamien und im Ägypten der Pharaonen reichen Gebrauch von diesem Material. In Europa, in Afrika und im Mittleren Osten bauten die Römer und später die Moslems mit Lehm; in Asien verwendeten ihn die Indus-Völker, die buddhistischen Mönche oder die chinesischen Kaiser, die Indianer im Süden Nordamerikas, die Tolteken und Azteken in Mexiko und die Mochica in den Anden. Nach der Eroberung Süd- und Mittelamerikas durch die Spanier verschmolzen die europäischen Techniken der Erdbauweise mit den einheimischen Traditionen, während in Afrika die Meisterschaft darin von so verschiedenen Kulturen erreicht wird wie den Berbern, den Dogon-Stämmen, den Aschantis, den Bamileken, den Haussa, den Völkern in den Königreichen von Ife und Dahomey und den Kaiserreichen von Ghana und Mali.

Verschiedene Kulturen haben ganze Städte in Lehmbauweise errichtet, von denen auf der Welt nur einige archäologische Zeugnisse erhalten geblieben sind: Jericho, das vor rund zehntausend Jahren erbaut wurde und zweifelsohne die erste Stadt der Geschichte darstellt, die wir kennen, Catal Hüyük in der Türkei, Harappa und Mohenjo-Daro in Pakistan, Achet-Aton in Ägypten, Chan-Chan in Peru, das berühmte Babylon im Irak, Medina Azzahra in der Nähe von Córdoba in Spanien, Khirokifia auf Kreta. Auf den antiken Fundamenten sind bisweilen neue Städte errichtet worden, in denen die Erdbauweise beibehalten wurde; ein Beispiel dafür ist Lugdunum, die Hauptstadt des römischen Gallien, aus dem sich Lyon, die drittgrößte Stadt Frankreichs entwickelte. Viele der während der spanischen Eroberung in Amerika entstandenen Städte bezeugen noch jetzt die Verwendung der Lehmbauweise, wie zum Beispiel Santa Fé, die Hauptstadt des Staates New Mexico in den USA, und das Zentrum von Bogotá, der Hauptstadt Kolumbiens. Von Afrika bis zum Mittleren Osten läßt sich eine erstaunliche Kontinuität von Städten in Lehmbauweise erkennen: Kano in Nigeria, Agadès in Niger, Timbuktu in Mali, Oualata in Mauretanien, Marrakesch in Marokko, Adrar in Algerien, Gadames in Libyen, Sadaa in Nordjemen, Shibam in Südjemen, Yazd im Iran.

Neben den Städten setzten die agrarisch bestimmten Kulturen die Tradition des Lehmbaus in derartiger Vielfalt fort, daß es zu weit führen würde, die verschiedenen Formen aufzuzählen. Paradoxerweise kennen wir die Lehmbauarchitekturen in Asien, Afrika, im Mittleren Osten und in Lateinamerika besser als die im Okzident. Lehmdörfer existieren in den Vereinigten Staaten, und vor allem zu Tausenden in ganz Europa: in den trockenen Regionen Spaniens und Italiens ebenso wie in den regenreichen Gebieten von England, Deutschland, Dänemark und Schweden. In Frankreich, wo mindestens fünfzehn Prozent der erhaltenen ländlichen Bausubstanz diese Tradition aufweist, finden sich häufige Zeugnisse dafür in der Umgebung von Lyon, Reims, Grenoble, Toulouse, Rennes, Avignon, und nicht weit von Paris, in der Nähe von Chartres.

Babel

In den vielen genannten Gebieten menschlicher Siedlungen wurde die Lehmerde für den Bau städtischer und ländlicher Wohnhäuser benutzt. Doch dasselbe Material wurde seit Tausenden von Jahren auch verwendet, um prachtvolle Werke und weitläufige Nutzbauten zu errichten, die der materiellen und geistigen Entwicklung der Gesellschaft dienten: Speicher und Aquädukte, Zikkurats und Pyramiden, Klöster, Kirchen und Moscheen wetteifern miteinander, die Möglichkeiten dieses Materials am besten auszuschöpfen, das anscheinend der kreativen Megalomanie des Menschen keine Grenzen gesetzt hat.

In der Tat baute man mit Lehmerde im 7. Jahrhundert vor Christus den berühmten Turm von Babel, dessen sieben Stockwerke die Höhe von neunzig Metern erreichten: Der erste Wolkenkratzer der Menschheit bestand aus Lehmerde! Dieser Turm hat den sozialen Katastrophen, deren Symbol er ist, nicht standgehalten. Doch zeugt die berühmte Chinesische Mauer, die, wie bekannt, am Anfang des 3. Jahrhunderts vor Christus in langen Abschnitten aus Lehmerde errichtet wurde, noch heute – mit vielen anderen Denkmälern – von der Festigkeit dieses Materials.

Aus diesem Grund haben sich viele Städte überall in der Welt zu ihrer Verteidigung mit Mauerringen aus Lehmerde umgeben: von Jericho, das wir schon erwähnt haben, bis zu der in neuerer Zeit errichteten Stadt Tiznit, die 1882 in Marokko entstand und zweifellos die letzte ist, die von derartigen Schutzmauern Gebrauch gemacht hat. Die Festigkeit und Dauerhaftigkeit des Lehms wurden von zahlreichen Heerführern von altersher bis zu unseren Tagen ausgenützt.

Der römische Schriftsteller Plinius der Ältere berichtet, daß sich Hannibal dieses Baustoffs um 219 vor Christus in Spanien bediente. Die amerikanische Armee nahm während des Zweiten Weltkrieges die Fähigkeiten des militärischen Ingenieurkorps in Anspruch, um Absperrungen, Gebäude und Flugpisten aus Lehmerde zu errichten.

Kunstvoll und volkstümlich

Auch die Mächtigen dieser Welt wußten die architektonischen Qualitäten der Lehmerde von der Antike bis in unsere Tage zu schätzen. Unter den unzähligen Gebäuden, die Machthaber aller Art völlig oder zum Teil mit Lehmerde bauen ließen, seien nur folgende erwähnt: der Palast des Königs Minos in Knossos auf Kreta (2000 v.Chr.), der Palast der Statthalter zu Mari in Mesopotamien (1900 v.Chr.), der Palast des Pharao Amenophis III. in Achet-Aton in der Nähe von Theben (1400 v.Chr.), die Überreste des Palastes des Raqchi in Peru (1450), der Bedi-Palast in Marrakesch (1578), die Residenz des Dalai Lama in Tibet und die des Emirs von Daura in Nigeria (1780), der Palast des Gouverneurs von Santa Fé in den USA (1609) und schließlich die in jüngster Zeit erbaute Sommervilla eines amerikanischen Holzindustriellen in Taos, ebenfalls in den USA (1980).

Aber der Lehmbau ist keineswegs auf besondere soziale Schichten beschränkt: Traditionsgemäß verwendeten ihn alle gleichermaßen; daher machen ländliche und städtische Wohnhäuser den größten Teil der in diesem Baustoff errichteten Gebäude aus. Dies gilt für die Gegenwart ebenso wie für die Vergangenheit.

So hat sich ein kunstvolles und gleichzeitig populäres Verfahren entwickelt, mit diesem Material umzugehen. Es hat sich zu einer beeindruckenden Vielfalt von Funktionen und Formen entfaltet, in welchen sich die kulturellen Besonderheiten der Erbauer ausdrückten. In kalten Gegenden ebenso wie in den heißesten Regionen, von Skandinavien bis zum Äquator und bis Südafrika zeigt sich die Lehmbauweise dem jeweiligen Klima angepaßt. Wenn dieses Material geschickt verarbeitet wird, bietet es durch seine Eigenschaft gute Wärmeisolation und -speicherung, einen geschätzten Komfort, und sorgt für einen natürlichen Ausgleich zwischen Außen- und Innentemperatur.

Bauweisen

Man hat auf der ganzen Erde ungefähr zwanzig traditionelle Baumethoden gezählt, die die Anwendungsmöglichkeiten der Lehmerde ausnützen. Trotzdem unterscheidet man neben verschiedenen regionalen Varianten zwei Hauptverfahren. Eines ist das Bauen mit Stampferde, ›pisé de terre‹ (eine französische Wortschöpfung lateinischen Ursprungs, die erstmals 1562 in Lyon belegt ist). In dieser Bauweise werden Mauern von mindestens einem halben Meter Stärke errichtet, wobei man den Lehm zwischen den zu beiden Seiten angebrachten Schalungen feststampft, die man allmählich beim Fortschreiten der Arbeit entfernt.

Die andere Methode ist die Verwendung von Adoben, das heißt von Lehmziegeln. Der Name leitet sich von ›adobe‹ her: Ein arabisches und von den Berbern gebrauchtes Wort, das ins Spanische aufgenommen wurde und dadurch nach Süd- und Nordamerika gelangte, wo es wiederum ins Englische assimiliert wurde. Es bezeichnet in der Sonne getrocknete Lehmziegel (nachdem der Lehm zuerst in Modeln gepreßt worden ist), die dann in klassischer Weise für den Bau von Mauern oder – was eine ausgefeiltere Technik erfordert – für die Errichtung von Gewölben oder Kuppeln (mit oder ohne Verschalungen) verwendet werden.

Traditionsgemäß wird in beiden Fällen die Lehmerde sorgfältig entsprechend ihrer Beschaffenheit und Körnungszusammensetzung ausgewählt; für den Lehmziegel wird der Lehm mit Wasser und Pflanzenfasern – meist zerkleinerten Strohhalmen – vermischt. Da sich die traditionellen Lehmbauten als sehr erosionsanfällig erwiesen, hat man schon vor langer Zeit Gegenmaßnahmen erdacht. Eine englische Volksweisheit drückt dies in einem einzigen Satz aus: »Wenn ein Lehmhaus jahrhundertelang halten soll, muß es einen guten Hut und feste Stiefel haben.« Das heißt: ein breites vorkragendes Dach, um die Hauswände vor Regen zu schützen, und ein steinernes Fundament, um Erosionsschäden der Grundmauern durch rinnendes Wasser oder durch aufsteigende Feuchtigkeit vorzubeugen. Bereits vor sechstausend Jahren hat man wasserabstoßende Bitumenprodukte zur Erhöhung der Dauerhaftigkeit von Lehmziegeln angewendet.

Wie später bei den Azteken, benützte man allgemein – jedoch nur für große öffentliche Gebäude, Tempel und Paläste – Blendfassaden, die eine doppelte Funktion erfüllten: Einerseits schützten sie die Lehmwände vor Regen, andererseits dienten sie durch ornamentale oder figürliche Dekoration aus Steinen, Ziegeln oder konusförmigen glasierten Fliesen, die während der Errichtung der Außenmauern angebracht wurden, zur künstlerischen Ausgestaltung des Bauwerks.

Geistigkeit und Sinnlichkeit

Bei den einfacheren Formen der Behausungen sind die Lehmmauern zu ihrem Schutz meist mit einem Putz überzogen, der ebenfalls aus Lehmerde besteht. Traditionsgemäß wird er jedes Jahr nach der Regenzeit in einem feststehenden Ritual erneuert. Das auf diese Weise entstehende Erscheinungsbild kann unendlich viele Variationen aufweisen: Durch die schöpferische Phantasie jedes einzelnen Besitzers erhalten die Mauern ihren Formenreichtum, ihre strukturelle Vielfalt und ihre Sensualität. Die Lehmbauweise gestattet es nämlich, daß die Materialität und die Geistigkeit des Bauens eine Einheit bilden. Denn dieses Material ermöglicht die Gleichzeitigkeit und Synthese des Bauprozesses und der künstlerischen Ausschmückung. Die Freude der traditionellen Kulturen am Ornament – ein Zeichen ihrer Lebenskraft – drückt sich in den Dekorationen der Lehmarchitekturen aus: Als Ritzzeichnung oder Relief sind sie von Fall zu Fall abstrakt, zeichenhaft, geometrisch, symbolisch oder figurativ. Die Modellierung des Lehms erlaubt eine sehr reiche plastische Formensprache, in der die tiefsten, schöpferischen

Impulse wirksam werden. Bei bestimmten Völkern Afrikas und des Mittleren Ostens zeigt die Lehmbauplastik die Lust an der Rundung und entfaltet Erotik und Sinnlichkeit der Formen. Die Lehmerde, das fruchtbarste Element auf unserem Planeten, wird hier zum Symbol des Weiblichen. In anderen Gebieten wird sie Ausdruck einer männlich betonten Architektur: Die Errichtung von Häusern und Minaretten geschieht hier sozusagen in einer Art ›tour de force‹; die erreichte Höhe beträgt oft acht Stockwerke, das heißt ca. dreißig Meter.

Der industrielle Schock

In der modernen Zeit hat die Lehmarchitektur, entsprechend dem wirtschaftlichen und demographischen Fortschritt, in den einzelnen Kontinenten eine unterschiedliche Entwicklung genommen. In den an der Schwelle der Industrialisierung stehenden Ländern der Dritten Welt findet sie weiterhin in großem Umfang dort Verwendung, wo es sie traditionsgemäß schon immer gab, da die Armut überhaupt keine andere Wahl zuließ. Überdies lebt die Bevölkerung dort in der Mehrheit in ländlichen und abgeschiedenen Gebieten, und die steigende Zunahme der Einwohnerzahl führt dazu, auf den individuellen Eigenbau mit den an Ort und Stelle zur Verfügung stehenden Materialien zurückzugreifen. Trotzdem sich in einigen Regionen wieder ein Rückgang anbahnt, ist, global gesehen, festzustellen, daß die Lehmbauweise in der Dritten Welt anhält, wenn nicht sogar generell im Anwachsen begriffen ist. Doch in den in jüngster Zeit durch die Erdölproduktion reich gewordenen Ländern ist dies nicht mehr der Fall: Dort ist der Lehmbau schon beinahe verschwunden und wird durch die schrankenlose Nachahmung importierter westlicher Architekturformen und Technologien ersetzt. In den Vereinigten Staaten waren die indianischen und spanischen Traditionen des Luftziegelbaus im Südwesten bis ins 19. Jahrhundert sehr lebendig, in New Mexico ebenso wie in Kalifornien und den verschiedenen Nachbarstaaten: Sie haben dort auf unerwartete Weise den Prozeß der Industrialisierung überlebt. Von 1890 bis 1940 erlebten diese traditionellen Bauweisen in mehreren Ansätzen stilistische Erneuerungen – manchmal authentisch, manchmal mit parodistischen Elementen durchsetzt –, die ihren Fortbestand bis zur Energiekrise des Jahres 1973 sicherten. Diese brachte vor allem im Staat New Mexico eine Renaissance der Lehmarchitektur mit sich.

In Europa erhielt sich die Praxis der Lehmbauweise in den Städten – zum Beispiel in Frankreich in Lyon – für Häuser von Arbeitern und Bürgern bis zum Ende des 19. Jahrhunderts. Bei Feldzügen wurde sie sogar noch im Zweiten Weltkrieg angewendet. Europäische Auswanderer führten Stampferde und luftgetrocknete Lehmziegel am Anfang des 19. Jahrhunderts auch in Australien ein, wo sie sich in weitem Umfang durchgesetzt haben. Die Lehmbauweise ist hier durch technische Verbesserungen noch weiterentwickelt worden.

Rationalisierung

Es waren vor allem die Arbeiten und Schriften des französischen Architekten François Cointeraux (geboren 1740 in Lyon), die 1823 in Australien, davor 1806 in den Vereinigten Staaten, in Dänemark und Deutschland, und bereits 1790 in Italien das Interesse für moderne Lehmarchitektur geweckt hatten. Während der Französischen Revolution, 1789, erfand Cointeraux eine neue Lehmziegel-Technik, bei der Lehmziegel durch eine mechanische Presse produziert wurden, die er unter dem Namen ›La Crécise‹ patentieren ließ. Die sehr sorgfältig hergestellten und in große Formate gepreßten Ziegel nannte er ›Pierres Factices‹ (Kunststeine), das Verfahren selbst etwas irreführend ›Nouveau Pisé‹.

Diese Rationalisierung der überkommenen volkstümlichen Traditionen seiner Gegend wollte er in den Dienst der neuen Gesellschaft Frankreichs stellen und damit ihren Bedürfnissen entgegenkommen. Mit seinen neuen Ziegeln entwarf er Stadthäuser wie Landhäuser, die den Ansprüchen verschiedener sozialer Schichten gerecht wurden, ebenso Bauwerke, die der wirtschaftlichen Entwicklung des Landes dienten: von landwirtschaftlichen Nutzbauten bis zu Industriebetrieben. Wie er sagte, »ist die kostbare Kunst der Herstellung von Stampferde für eine aufgeklärte Nation ein sicheres Mittel, Landwirtschaft, Handel und Industrie florieren zu lassen«. Um seine Ideen zu verbreiten, unternahm Cointeraux beträchtliche Anstrengungen. Innerhalb von vierundzwanzig Jahren gab er mehr als fünfzig Schriften heraus, in denen er auf polemische Weise die Wahl dieser Bautechniken zum Nutzen der neuen Gesellschaft rechtfertigte.

Cointeraux und Fathy: Gleicher Kampf

Mit allen Mitteln versuchte Cointeraux, seine Zeitgenossen zu überzeugen, indem er gegen die Vorurteile gegenüber der Lehmarchitektur ankämpfte. Einen ähnlichen Kampf führte der ägyptische Architekt Hassan Fathy im Jahr 1946, hundertsechzehn Jahre nach dem Tod von François Cointeraux. Berufung und Leben dieser beiden Männer haben eine erstaunliche Ähnlichkeit: In ihren Ländern begleiteten ihre Initiativen die Anfänge der industriellen Ära.

Beide widmeten ihr langes Leben der Verteidigung und Demonstration von Architekturen, die von den im Volk lebendigen traditionellen Methoden sowie dem Genius loci inspiriert waren. Beide versuchten diese Methoden wiederzubeleben und zu rationalisieren. Um ihre sozialreformerischen Ideen durchzusetzen, polemisierten sie auf alle mögliche Weise, gingen beide sogar so weit, engagierte Theaterstücke zu schreiben. Der eine gründete in Grenoble und später in Paris Architekturschulen, der andere in Kairo ein internationales Forschungsinstitut für angewandte Technologien. Beide genossen die Unterstützung von aufgeklärten Aristokraten, dem Duc de Charost und Aga Khan.

Obwohl sie beide nicht viel Gelegenheit hatten, ihre Ideen in die Realität umzusetzen – heute sind nur wenige bedeutende Spuren ihres architektonischen Œuvre erhalten –, wurden sie doch beide wegen der Außergewöhnlichkeit ihrer

Werke ins Ausland berufen: der eine seinerzeit nach England, der andere 1981 in die Vereinigten Staaten. Dort machten sie auch jeweils Schule, dort verbreiteten ihre Schüler ihre Ideen. Den gemeinsamen Nenner dieser beiden Pioniere bildete die unablässige Bekämpfung der Vorurteile und des Unverständnisses, das ihnen von ihren Zeitgenossen und vor allem von den Politikern ihres Landes entgegenschlug.

Vorurteile

Auf der Basis einer jahrtausendealten Lehmpyramide, die in der Nähe von Kairo von König Asydis erbaut wurde, findet sich noch heute die Inschrift: »Verachte mich nicht, wenn du mich mit den Steinpyramiden vergleichst. Ich stehe so hoch über ihnen wie Jupiter über den anderen Göttern, denn ich bin mit Ziegeln aus dem Schlamm vom Grunde des Sees erbaut.« Seit jener Zeit schon bestehen also die Vorurteile gegenüber dem Lehm als Baustoff, und sie wurden seither immer von neuem bekräftigt, indem man behauptete, diese Bauten seien ärmlich oder wenig widerstandsfähig, altmodisch oder zu wenig ausgearbeitet. Eine unvoreingenommene Analyse der vorhandenen Zeugnisse dieser Architektur beweist jedoch häufig das Gegenteil. Die Lehmarchitektur ist durchaus zuverlässig und dauerhaft. Sie bietet auch für die Zukunft die besten Voraussetzungen. Trotzdem müssen gewisse Einschränkungen gemacht werden, die auf einigen Schwächen der traditionellen Lehmbauweisen beruhen: Der Lehm ist sehr anfällig gegenüber Wasser, das in der Tat den Gebäuden schwere Schäden zufügen kann.

Schon vor langer Zeit wurden Lösungen gefunden, um dieser Gefahr zu begegnen, wie die beträchtliche Substanz an Lehmbauten in so regenreichen Ländern wie Frankreich und England beweist. Der wissenschaftliche und technische Fortschritt der modernen Zeit hat jedoch noch weit wirksamere Verfahren entwickelt. Man ist bestrebt, eine verfestigte Lehmerde zu verwenden und erreicht dies durch den Zusatz verschiedener Materialien (Bitumenprodukte, Zement, usw.), die die Widerstandsfähigkeit und Wasserundurchlässigkeit beträchtlich verbessern. Einfache, manuell zu betätigende, mechanische oder hydraulische Maschinen gestatten inzwischen die Herstellung einer beliebig langen Reihe von Lehmziegeln, die bedeutend fester sind, als jene, die einst mit der Hand in behelfsmäßigen Holzmodeln gepreßt worden sind. Stroh als Armierung wird nicht mehr verwendet, was sehr erheblich zur Hygiene beiträgt, da dadurch Insekten ins Baumaterial eindrangen und sich Brutstätten von Mikroben breitmachten.

Durch neuzeitliche Untersuchungen über die Zusammensetzung des jeweiligen Bodenmaterials können die intuitiven Maßnahmen der alten Bauleute nun wissenschaftlich verifiziert werden. Vor allem ist eine Verbesserung in der Wahl und Dosierung der Zusätze möglich geworden. Die Technik der Herstellung von Stampferde wurde, wie schon gesagt, durch das Pressen des Lehms mit Hilfe von maschinellem, hohem Druck rationalisiert, was ein bedeutend wirkungsvolleres und schnelleres Verfahren darstellt, als das mühsame manuelle Stampfen. So ist man bestrebt, die Vorzüge der traditionellen Methoden mit modernen Erkenntnissen zu vereinigen. Andere Forschungsvorhaben zur Verbesserung des Lehmbaus sind in Peru und in den Vereinigten Staaten im Gange: Sie zielen unter anderem darauf, eine Konstruktionsmethode für den Lehmbau zu schaffen, die die Gefahren durch Erdbeben vermindern.

Vorbehalte

Obwohl die alten Vorbehalte gegenüber der Lehmbauweise auf technischem und materiellem Gebiet fast keine Daseinsberechtigung mehr haben, sind doch noch viele Widerstände wirtschaftlicher, psychologischer, kultureller, institutioneller und politischer Natur bestehen geblieben. Aus wirtschaftlichen Gründen werden sie bewußt aufrechterhalten, da viele Großindustrielle oder multinationale Konzerne, die moderne Baumaterialien produzieren, oder entsprechende Institute, die sich für deren Verwendung in großem Umfang einsetzen, ihren eigenen Markt zu schützen bestrebt sind. Seit mehr als einem halben Jahrhundert verwendet die orthodoxe zeitgenössische Architektur vorrangig Beton, Stahl, Aluminium und Kunststoffe und begünstigt auf diese Weise die Entstehung industrieller Monopole, die, um den Markt auszuschöpfen, in Produktionsziffern von gigantischer Größenordnung denken, wobei der anfallende Energiebedarf und die Verschmutzung der Umwelt bekanntlich sehr hoch sind.

Ebenso wie China, das ein Netz von dreitausend kleinen Zement- und Betonfabriken errichtet hat, die auf beinahe alle Gemeinden aufgeteilt sind und zwei Drittel des Nationalprodukts erzeugen, wollte Indien kürzlich ein ähnliches Projekt der industriellen Dezentralisation verfolgen und hundert kleinere Zementfabriken errichten. Dieser Plan wurde, wie der Industrieminister Georges Fernandez sagte, »von den Interessen des Großkapitals sabotiert«[1]. Die Vorrangstellung der Wirtschaft gegenüber der Politik hat also den Versuch, ein Material mit Hilfe der Regionalisierung volkstümlich zu machen, zum Scheitern gebracht. In Tansania genauso wie in zahlreichen Ländern der Dritten Welt ist Zement im Hinterland zwei- oder dreimal teurer als in der Stadt. In Jamaika bestehen sechzig Prozent des Zementpreises aus den Kosten der Energie, die für die einheimische Zementproduktion aufgewendet werden muß. So verhindern die Schwierigkeiten, die sich an die Entwicklung einer modernen Schwerindustrie knüpfen, auch den Ansatz zu einer realistischen Lösung des Wohnungsbauproblems in der Dritten Welt, wo das Defizit an billigen Wohnungen in den nächsten zwanzig Jahren auf die astronomische Höhe von fünfhundert Millionen Einheiten geschätzt wird.

Finanzierung

Um den armen Ländern zu helfen, mit ihren wirtschaftlichen Schwierigkeiten fertig zu werden, existieren seit einiger Zeit verschiedene sogenannte Entwicklungshilfefonds. Im Hinblick auf den Charakter dieser internationalen Institutionen könnte man von ihnen eine wirklichkeitsnahe Haltung gegenüber den Herausforderungen unserer Zeit erwarten. Leider hat jüngst eine Enquête[2] der Zentralstelle für die Produktion der Baumaterialien ermittelt, daß »praktisch alle Finanzierungshilfen und Darlehen nur an Fabriken von Schwerbeton und Zement gehen«. Bestimmte Hilfsorganisationen betrachten ihre Haltung in diesem Punkt mit einer gewissen Selbstkritik: Der Europäische Entwicklungshilfefonds gibt zu, daß er in Afrika zu sehr die Verwendung von teuren hochtechnisierten Materialien wie Stahl und Beton unterstützt hat. Später hat er bekanntlich mit Erfolg auf die Lehmbauweise zurückgegriffen, wie zum Beispiel beim Spital von Mopti in Mali. Andere Institutionen, wie die Weltbank, scheinen zuweilen im Widerspruch zu ihren eigenen Intentionen zu handeln. So hat zwar die Doktrin der Weltbank in zunehmendem Maße dazu geführt, daß sie mit vollem Recht in Eigenbau errichtete Wohnsiedlungen fördert und vor allem die essentiellen Bedürfnisse der Bevölkerung in den Ländern der Dritten Welt befriedigt, doch sind bestimmte Beobachter der Ansicht, man suche vergeblich bei ihr »den geringsten Hinweis auf Darlehen zur Erforschung oder Produktion alternativer Baumaterialien«[3].

Diese wirtschaftlichen Tendenzen haben zu einem der schwierigsten Probleme unserer Zeit geführt: Die Armen werden noch ärmer und die Reichen noch reicher. Die Mißerfolge einer allgemeinen Anhebung des sozialen Standards sind oft das Ergebnis eines übertriebenen Optimismus gegenüber den Möglichkeiten der überzüchteten und teuren Technologien, die im Westen angewandt werden. Sie sind auch das Resultat einer zu geringen Berücksichtigung der kulturellen Dimensionen bei dem Versuch, diese Probleme zu lösen. Es scheint jedoch, daß sich einige Entwicklungshilfeorganisationen kürzlich des großen Einflusses bewußt geworden sind, den nicht vorherberechenbare Faktoren ausüben können. Die gewaltige kulturelle Revolution, die im Iran seit 1980 zu verzeichnen ist, und ihre internationalen Auswirkungen haben zweifellos zwei so starke Mächte wie die Weltbank und Saudi-Arabien dazu geführt, ihre Strategien zu revidieren und Maßnahmen kulturellen Charakters mehr zu berücksichtigen. Nicht zufällig haben beide kürzlich ein Forschungsprojekt über das erhaltene Kulturgut an Lehmarchitektur in Gang gebracht, für die sie vorher kein Interesse gezeigt hatten.

Das Wäscheleine-Paradoxon

Die erwähnten Vorbehalte, die jetzt allmählich abgebaut werden, existieren nicht nur innerhalb der wirtschaftlichen Institutionen. Sie haben sich in gewissem Maß auch bei einer Anzahl von ›Intellektuellen‹ erhalten: Viele Architekten – und bevorzugt Ingenieure – lächeln immer noch geringschätzig, wenn man ihnen vorschlägt, mit Lehmerde zu bauen: Man habe ihnen während ihres Studiums nie etwas darüber gesagt. Viele unter ihnen werden – wie die meisten Ingenieure – prozentual nach den anfallenden Arbeitskosten entlohnt. Das ist natürlich nicht die beste Methode, um zur Suche nach billigen Alternativen zu ermutigen. Dazu kommt noch, daß die Organisationen, die ihre Interessen vertreten, ihre Berufsverbände oder die wissenschaftlichen und technischen Bauzentren, deren Normen sie anwenden, oft große Arroganz gegenüber der sozialen Wirklichkeit an den Tag legen: Lehm, Luftziegel oder Stampferde figurieren häufig nicht einmal in ihren Listen anerkannter Baumaterialien, obwohl doch mehr als ein Drittel der Menschheit sie verwendet und ihre Verwendung sogar in den westlichen Industrieländern andauert.

Aber auch hier zeigt sich ein Umdenkprozeß und das technokratische Halseisen lockert sich allmählich. Die Enttäuschung über die so häufigen Mißerfolge der sogenannten Entwicklungshilfeprogramme zwingt dazu, realistischer und bescheidener zu denken.

Noch vor kurzem konnte man überall hören, daß die Entwicklung der Landwirtschaft in der Dritten Welt, die für das Überleben der Menschheit notwendig ist, dringend die Vollmechanisierung erfordere. Bei der UNO-Konferenz, die 1981 in Nairobi über die Wiedergewinnung von Energien beriet, wurde festgestellt, daß diese Landwirtschaft zu 92 Prozent noch von Zugtieren abhängig sei. Und dieser Prozentsatz würde bis zum Jahr 2000 höchstens auf 80 Prozent sinken. So erscheint der Einsatz von Traktoren, die oft genug teuren Importtreibstoff benötigen, bescheiden, angesichts der rund 400 Millionen Tiere, die in diesen Ländern unentbehrlich sind, da sie ja nicht nur als Zugtiere dienen. Gegen den Hunger, die Verschwendung und die teure Energie zu kämpfen, bedeutet auch, die realen Lebensbedingungen der jeweiligen Länder in Betracht zu ziehen. Dies gilt auch für den Lehmbau. Es ist ganz einfach illusorisch oder unredlich, auf die traditionellen Rohstoffe zu verzichten, sie in Planung und Wirtschaftshaushalt nicht zu berücksichtigen.

Es ist eine Tatsache, daß paradoxerweise das wirklich Preisgünstige und für die Gesellschaft Nützliche in den orthodoxen Berechnungen des Bruttonationalprodukts nicht berücksichtigt wird. Der Architekt Steve Baer spricht in diesem Zusammenhang von einem ›Wäscheleine-Paradoxon‹: Wenn er seine Wäsche in der Sonne trocknen läßt, wird die daraus resultierende, echte Energieeinsparung nicht in Rechnung gezogen, während diejenigen, die einen elektrischen Wäschetrockner benutzen, als vernünftig gelten, weil sie zum ›materiellen Wohlstand‹ des Landes beitragen! Das gleiche gilt für Millionen Familien, die sich jedes Jahr selbst ihr Lehmhaus bauen: Sie werden nicht in Betracht gezogen, weil man nur diejenigen für wichtig hält, die nach den industriellen Normen der Produktion als Verbraucher einzustufen sind.

Politische Entscheidungen

Im Hinblick auf diese Mentalität und die jeder Vernunft widersprechenden Praktiken müßten politische Entscheidungen getroffen werden, da nur sie eine wegweisende Rolle spielen können. Man hat dies erst in jüngster Zeit bei der Entscheidung über die Sonnenenergie gesehen. Die politischen Meinungen schwanken dabei zwischen vorsichtigen Aktionen und ehrgeizigen Programmen. Durch eine staatliche Förderung können bestehende Vorurteile rasch ausgeräumt werden.

In England gab es im Jahr 1970 noch keine einzige mit Sonnenenergie betriebene Heizung, acht Jahre später existierten jedoch schon siebzig davon. In Frankreich gab es 1981 nur ein einziges kleines Unternehmen, das versuchte, die Errichtung von Wohnhäusern in Lehmbauweise wiederzubeleben[4], nur eine einzige Architekturschule, wo man sich seit 1979 mit diesem Baustoff beschäftigt[5], und eine einzige Firma, die Lehmziegel herstellt[6]. In Frankreich hat man wie in zahlreichen anderen Ländern den Beruf des Stampferde-Herstellers, von denen es vor vierzig Jahren noch Tausende gab, aussterben lassen.

In der Dritten Welt beginnen die Politiker allmählich, die Möglichkeiten, die in der Lehmbauweise liegen, zu erkennen. Einer der Gründe hierfür sind die aufkommenden Zweifel an der wirtschaftlichen Rentabilität der riesigen Importe von Baumaterialien, die laut einem UNO-Bericht 2,6 Prozent des gesamten Bruttonationalprodukts im Jahr 1965 und 3,6 Prozent 1972 betrugen (5 bzw. 8 Prozent des Gesamtwerts der Importe nach Afrika), das entspricht mehr als zwei Milliarden Dollar[7]. Ein anderer Grund liegt in den enormen Energiekosten, die die Verwendung moderner Baustoffe erfordert, sowie in der politischen und finanziellen Abhängigkeit von anderen Ländern, die wiederum damit verbunden ist. Die sich anbahnende Trendwende hat aber auch soziale Implikationen. Die westlichen Technologien erweisen sich sowohl in der Anschaffung wie im Gebrauch nicht nur als sehr teuer, sondern führen auch zu einer Reduzierung von Arbeitskräften auf ein Minimum; stattdessen ist ein hoher Einsatz von Kapital erforderlich. In den ärmeren Ländern gibt es aber Arbeitskräfte im Überfluß, die Unterbeschäftigung nimmt ständig zu, während die Kapitalreserven eher schwach sind.

Die vielgesuchte Lösung für dieses Problem wäre also, die Verbreitung von billig arbeitenden Bauindustrien zu fördern, die sehr viele Arbeiter beschäftigen. Dies hat man in China bei der Errichtung von Dämmen in Lehmbauweise verwirklicht (nach dem gleichen technischen Prinzip, das man in Frankreich zur Konstruktion des Staudamms von Serre-Ponçon in den Alpen angewendet hat). In ähnlicher Weise wurde in Daoudiat in Marokko aus stabilisiertem Lehm eine soziale Wohnsiedlung mit 3200 sehr billigen Wohneinheiten gebaut, an der zwischen 1963 und 1966 neunzig Prozent ungelernte Hilfsarbeiter und 10 Prozent reguläre Arbeiter mitwirkten. In China wurden diese Bauindustrien im Rahmen der klar definierten Entscheidung geschaffen: »Man darf nur auf die eigene Kraft zählen.« Ebenso in Ostdeutschland, wo man zwischen 1946 und 1958 in Dörfern und Kleinstädten auf die alte Lehmbauweise zurückgegriffen hat. Ähnlich liegt der Fall seit den sechziger Jahren in Peru. In vielen Ländern handelt es sich jedoch nur um kurzfristige Programme, die durch einige Experten oder engagierte Verfechter ihrer Ideen initiiert werden; manchmal dienen sie auch nur als Trick, um auswärtige Finanzhilfe zu erhalten, die häufig dann nicht für ihre eigentliche Bestimmung verwendet wird. Sehr oft haben diese Aktionen keine Zukunft, da sie nicht der Ausdruck einer überzeugenden politischen Entscheidung sind.

So muß man die jüngsten Erklärungen einiger Staatschefs hervorheben, welche die kulturelle Bedeutung der politischen und wirtschaftlichen Konzeptionen im Wohnungs- und Städtebau betreffen. 1971 erklärte Anicet Kashamura, der damalige Informationsminister in Zaïre: »Für uns Afrikaner muß ein Wandel in bestimmten kulturellen Bereichen eintreten. Wir müssen eine Wahl treffen, was wir bewahren, an die neue Zeit anpassen und weiter überliefern wollen. Wir müssen zwischen der Utopie und der Realität wählen. Wir müssen die Übel vermeiden, von denen die sogenannten hochindustrialisierten Gesellschaften bedroht werden. Wir müssen uns von den Folgen eines Imperialismus und Kolonialismus freimachen, die im Namen eines angeblichen Humanismus und eines angeblichen Fortschritts gehandelt haben. Ich gebe mit René Dumont zu, daß Afrika einen schlechten Start gehabt hat, aber ich glaube nicht, daß es keine Zukunft mehr hat.«[8]

Indira Gandhi, die indische Premierministerin, erklärte 1980: »Alle modernen Bauten erfordern einen großen Energieaufwand. Außerdem haben sie den Nachteil, im Sommer warm und im Winter kalt zu sein. Das ist bei den traditionellen Bauweisen nicht der Fall. Die neuen Techniken sind notwendig, aber man muß auch die alten bewahren, die den jahrhundertelang gesammelten Erfahrungsschatz der Bewohner in sich vereinigen und sich dadurch besser den Gegebenheiten des Klimas, der Umgebung und der Lebensformen anpassen. Man kann nicht alles bewahren, denn das Leben entwickelt sich weiter, aber man muß das Erworbene anpassen und verbessern.«[9]

Julius Nyerere, der Präsident der Republik Tansania, erklärte 1977: »Die Bevölkerung weigert sich jetzt, ihre Häuser in Ziegeln zu errichten. Sie will Wellblech für ihre Dächer und für die Mauern das, was sie ›europäische Erde‹ nennen, das heißt Zement! Wenn wir in der Zukunft Fortschritte machen wollen, müssen wir uns von dieser Obsession befreien, die zu einer geistigen Lähmung führt.«[10]

Wachsende Zweifel

In den westlichen Industrieländern nimmt die Sensibilität gegenüber diesen Fragen zu, und die Probleme sind teilweise, aber eben nur teilweise, verschieden. Zahlreiche Intellektuelle haben Theorien aufgestellt, die in die gleiche Richtung gehen, und von denen einige auch von zuständigen Institutionen aufgegriffen werden. Paradoxerweise wurden die von E. F. Schumacher entwickelten Ideen, der 1963 das Konzept der angepaßten Technologie schuf und 1973 sein Manifest ›Small is Beautiful‹ veröffentlichte, sehr schnell ausgerechnet von dem Giganten Weltbank aufgenommen und teilweise realisiert. Seltener sind jedoch Intellektuelle wie John Turner und Hassan Fathy, die eine Verbindung zwischen den unerläßlichen allgemeinen Entscheidungen einer aktiven Politik und dem Spezialfall der Rehabilitierung und Modernisierung der Lehmarchitektur hergestellt haben. Persönlichkeiten wie Ivan Illich, E. F. Schumacher und viele andere haben nicht weniger grundlegend dazu beigetragen, auf neue Wege zu verweisen und vor allem Zweifel an der bestehenden Haltung zu wecken. Ihre Ideen dringen zunehmend in das Bewußtsein der mit der sozialen und wirtschaftlichen Entwicklung betrauten Institutionen ein, wie die mahnenden Worte von Nicolas Jéquier bezeugen: »Die angepaßte Technologie kann als ein Ausdruck einer kulturellen Revolution betrachtet werden: Unsere Gesellschaftssysteme, die entweder bereits industrialisiert sind oder an der Schwelle dazu stehen, erfordern neue Arten von Technologien; und dieser Wandel bedeutete für sie einen Schock, da er in dem Zeitraum von fünf Jahren zwischen Mai 1968 und Oktober 1973, das heißt zwischen den Mai-Unruhen und der Ölkrise, eintrat. Das technologische System ist dem Wandlungsprozeß der Mentalität noch nicht ganz gefolgt, und wir stehen heute einer enormen potentiellen Nachfrage und einem äußerst unbefriedigenden Angebot gegenüber.«

Technologischer Optimismus und Enttäuschungen

Man erlebt heute erstaunliche geistige Wandlungsprozesse bei bedeutenden Personen, denken wir nur an Nathaniel Owings, einen sehr berühmten amerikanischen Architekten (Begründer einer der größten multinationalen Baufirmen in der Welt, Skidmore, Owings and Merrill), dessen Bauten oft als Symbol des Triumphs des ›Internationalen Stils‹ angesehen werden. Für sein eigenes Haus griff er jedoch auf eine Methode zurück, die im Gegensatz zu seiner sonst angewandten Bauweise steht: Er baute es aus Lehmerde und sagt dazu: »Dieses Haus wurde mit natürlichen Materialien anstatt industriellen Produkten errichtet. Man kann ohne weiteres ein gutes Haus aus Luftziegeln bauen und ich will es als Reaktion gegen den mechanischen Geist, der in der allgemeinen Praxis herrscht, tun.«[11]

Die oft bittere Enttäuschung über unsere hochgezüchteten Techniken wird im Westen in den siebziger Jahren allgemein laut. Der technologische Optimismus stößt in zunehmendem Maß auf Einwände, und die Bilanz seiner Anwendungen erweckt mehr und mehr Zweifel und Fragen. Die daraus folgende Desillusionierung führt allmählich zum Verzicht auf viele damals entworfene, megalomane Projekte: riesige Staudämme, gigantische Öltanker und andere Megastrukturen. ›Modernität um jeden Preis‹ kommt in jeder Hinsicht zu teuer, zumal ihre oft sehr hohen ›sozialen Kosten‹ fast nie zu berechnen sind. So erweist sich der angeblich moderne Funktionalismus, dessen Vorteile man so gelobt und dem man so viel geopfert hat, oft als illusorisch und in gewissen Bereichen als unwirksam. Seit jenen siebziger Jahren erscheint der besessene Fortschritts-Rausch wie eine Flucht nach vorn und oft als soziale Verantwortungslosigkeit, die um so schwerer wiegt, da sie gewöhnlich die Verachtung und Vernichtung der Traditionen mit sich bringt: eine Art ›Strategie der verbrannten Erde‹. In ihrer Euphorie hatten viele Bau- und Projektleiter geglaubt, auf diese Traditionen völlig verzichten zu können, hatten Tabula rasa mit allem gemacht, was uns die Geschichte lehren könnte, und die Verbraucher gezwungen, ohne diese Traditionen auszukommen. Dieser Fehler erweist sich jetzt als folgenschwer, und einige fortschrittliche Politiker scheinen das bereits einzusehen.

Ein halbes Jahrhundert nachdem die Segelschiffahrt im Westen für immer aufgegeben worden ist, erkennen jetzt drei große Industrieländer – die Vereinigten Staaten, Japan und Frankreich – die auch heute noch bedeutenden Vorteile dieser jahrtausendealten Einrichtung für den Handel! Weder bei dieser Wiederentdeckung des Segels für die Schiffahrt, noch bei jener der Lehmerde für die Architektur handelt es sich um irgendeine nostalgische Modeerscheinung, es geht dabei vielmehr um Effizienz und Rentabilität, technologischen Realismus und politische Verantwortlichkeit. Das 1981 in Frankreich fertiggestellte Fischereifahrzeug ›Éole‹ und der Mini-Öltanker ›Shin Aitoku Maru‹, der 1980 in Japan gebaut wurde, sind zwei Beispiele gleicher Initiative: das Prinzip der Windenergie wieder zu nutzen, indem man es mit den höchsten Errungenschaften der Technik verbindet. Die Stoff- oder Metallsegel werden automatisch durch eine Art Computer bewegt, so daß man die beste Ausnutzung des Windes und eines zusätzlich angebrachten Motors erzielen kann. Ergebnis: Fünfzig Prozent Energieeinsparung bei diesem ersten Versuch, der bereits den Anreiz zu verschiedenen größeren Projekten gegeben hat.

Autonomien

Eine wirkungsvolle Synthese zwischen sogenannten traditionellen und sogenannten modernen Techniken zu versuchen, bedeutet, einen neuen Weg einzuschlagen: Methoden zu verwirklichen, die sich für unsere Bedürfnisse besser eignen und für ihre Benutzer leichter anwendbar sind, damit diese den Gegenstand beherrschen und nicht von ihm beherrscht werden. Ein solcher Versuch ist im Wohnbau äußerst wichtig, sowohl in der Dritten Welt, wo die traditionellen Verfahren noch gang und gäbe sind, als auch in den westlichen Industrieländern, wo man versucht, sie wieder zu entwikkeln, um einen Bereich zu entbürokratisieren und zu demokratisieren, der allen Menschen Möglichkeiten zur Eigeninitiative gibt. Einige Technologien eignen sich besser als andere für ein solches Vorhaben, dazu gehört in erster Linie die Lehmbauweise. In den Vereinigten Staaten wurden bis 1970 jedes Jahr 160000 Häuser von den Bewohnern selbst gebaut[12], 1980 wurde im Staat New Mexico die Hälfte der produzierten Luftziegel von Menschen gekauft, die beabsichtigten, sich mit eigenen Händen ein Lehmhaus zu errichten. Dieses hohe individuelle Engagement wurde bis jetzt sowohl in den westlichen Industrienationen als auch in den Entwicklungsländern stark unterschätzt.

Das Grundprinzip der Autonomie der Interessenten, Verbände oder ganzer Gesellschaften ist sowohl Mittel als auch Zweck. In verschiedenen Bereichen wird es – wie wir sahen – bereits angewendet, in China ebensogut wie in den Vereinigten Staaten. Es geht davon aus, daß die Interessenten selbst die Techniken wählen dürfen, die je nach Möglichkeiten und Beschaffenheit des Bodens anzuwenden sind. Der Lehmbau läßt ein direktes Eingreifen von Einzelpersonen oder Gemeinschaften zu; er ermöglicht eine direkte und unabhängigere Produktion als die bürokratisierten Bauindustrien. Im erweiterten Sinne erlaubt es die Lehmbauweise als eine ›angepaßte‹, ›sanfte‹ und ›vermittelnde‹ Praxis dem

Menschen, das materielle Stadium zu überwinden, sich dieses Material in philosophischem Sinne ganz zu eigen zu machen und seine soziale Dimension neu zu entdecken. Ivan Illich sagte: ». . . das Material ist in dieser Hinsicht so sozial und anpassungsfähig, daß jeder es ohne Schwierigkeit benutzen kann, so oft oder so selten er immer will, für Zwecke, die er selber bestimmt. Der Gebrauch, den jeder davon macht, beschränkt die Freiheit der anderen nicht, das gleiche zu tun. Das Material vermittelt zwischen dem Menschen und der Welt, es gibt Richtungen an und wirkt als Träger von Intentionen.« In diesem erweiterten ethischen Sinn können die Qualitäten und die Chancen der Lehmarchitektur für die Zukunft liegen.

Weder Sklave noch Herr

Die Lehmerde ist ein natürliches Material, das in zahlreichen Regionen der Welt in Unmengen zur Verfügung steht, weil die als Baustoff geeigneten Tone und Laterite 74 Prozent der Erdkruste ausmachen[13]. Als solches erfordert es vielfach weder Kauf oder teuren Transport noch kostspielige Aufwendungen für industrielle Verarbeitung. Es gestattet also, den Zwängen eines Markts oder Handelsmonopols häufig auszuweichen, ohne jedoch die Möglichkeit einer umweltfreundlichen Produktion in dezentralisierten Serienherstellungen auszuschließen. Seine Anwendung bedarf weder einer unter Kontrolle stehenden noch einer Kontrolle ausübenden Wirtschaft. Sie ist eine Garantie für die Erhaltung des ökologischen Gleichgewichts und bedeutet Ehrfurcht vor der Umwelt und dem Leben. Die Vielfalt der Anwendungsmethoden ermöglicht die Wahl zwischen einem großen, aber nicht spezialisierten Potential an Arbeitskräften, traditionellen Systemen oder entwickelteren Verfahrensweisen. Diese Wahl bleibt offen, um den individuellen Eigenbau oder die Vollbeschäftigung in Regionen zu sichern, die eine starke Arbeitslosigkeit aufweisen. Die Anwendung des Lehms kann zu einer Demokratisierung der lokalen oder regionalen Initiativen und zu der Verminderung der sozialen Ungleichheiten beitragen. Ihre lokalen Varianten erlauben es, die Schwankungen der realen Bedürfnisse der Gesellschaft besser zu bewältigen, ohne dabei Vermittler in Anspruch nehmen zu müssen. Die Verwendung der Lehmerde stärkt die Unabhängigkeit des einzelnen auf der Ebene der Gruppe oder der Nation, weil sie ermöglicht, eine kulturelle, wirtschaftliche und energetische Unabhängigkeit zu erlangen.

Genius loci

Zusätzlich zu den Vorzügen, die das Material Lehm in politischer, wirtschaftlicher, sozialer und ökologischer Hinsicht aufweist, ist es für uns auch von kulturellem und architektonischem Interesse. Die Vielfalt dieser Architektur und ihre möglichen Konstruktionsformen bieten eine Garantie gegen jede Art von kulturellem Machtanspruch sowie gegen eine Rückkehr zu den Schablonen des ›Internationalen Stils‹, denen wir seit einigen Jahren mit Mühe zu entgehen suchen. Die Wiederanwendung der Lehmbauweise könnte auch eine vitale Eingliederung der Architektur in die unterschiedlichen Volkstumstraditionen der einzelnen Gesellschaften erleichtern und dazu führen, daß wir wieder lernen, die Bedeutung des unverwechselbaren Genius loci zu verstehen, für uns nutzbar zu machen und auf diese Weise eine neue Kontinuität zwischen der Geschichte, unserer Zeit und der Zukunft herzustellen. Es gibt sehr viele lebendige Beweise für eine echte Wiedergeburt der Lehmbauweise im Bereich der öffentlichen und privaten Bauten, in der Dritten Welt genauso wie in Europa und den Vereinigten Staaten.

Energieeinsparung

Die Qualitäten der Lehmarchitektur erscheinen nunmehr in jeder Phase des Baus für die Energieeinsparung relevant. Dieser Vorteil ist auch deswegen wichtig, weil die für Industrie oder Wohnungsbau aufgewendeten Energien in den westlichen Industrienationen 20 bis 25 Prozent des nationalen Verbrauchs ausmachen können. Für die Produktion von Lehmziegeln ist im Vergleich zu anderen Baustoffen nur eine ganz geringe oder überhaupt keine Energiemenge nötig, da sie nicht gebrannt werden (ein Vorgang, der eine Brenntemperatur zwischen 900 und 1100 Grad erforderlich macht) und durch ihre Herstellung in situ keine oder fast keine Transportkosten benötigen.

Abgesehen von der Energieeinsparung bei ihrer Herstellung, sind die Lehmbauten durch ihre leichte Heizbarkeit und gute Temperaturregulierung in ihrem Gebrauch sehr ökonomisch. Die wärmespeichernde Eigenschaft der Lehmwände bringt gleichzeitig eine Verringerung des thermischen Verlustes mit sich und erzeugt das Gefühl der Behaglichkeit. Dieser rechnerisch nicht belegbare Eindruck – da er auf psychologischen Komponenten beruht – enthüllt den kulturellen Hintergrund des geistigen Prozesses, der die einen – häufig die gesellschaftlich Privilegierten – dazu veranlaßt, die Lehmbauten wegen ihrer Behaglichkeit und Wärme, Reinheit und umweltschonenden Qualitäten zu schätzen und ihnen eine Ausstrahlung mütterlicher Geborgenheit zuzuschreiben, während die anderen – häufig die Ärmeren – ihre Verwendung oft als Archaismus empfinden, den sie als Hindernis bei der Erreichung der materiellen Güter des modernen ›Fortschritts‹ ansehen.

Nord-Süd-Dialog und ökologische Entwicklung

Um unsere Erfahrungen auf diesen Gebieten besser auszuwerten, sind an verschiedenen Orten intensive Untersuchungen durch kleine Forscherteams im Gange. Sie stehen in einem intensiven, aber selektiven Austausch mit anderen Institutionen. Dieser Einsatz ist notwendig, handelt es sich dabei doch um den Übergang von einer ›Fehl-Entwicklung‹ zu einer ›ökologischen Entwicklung‹.

In der Hoffnung auf einen derartigen freien interregionalen Erkenntnisaustausch gibt es einige skeptische Stimmen, die bezweifeln, daß die westlichen Industrienationen von bestimmten technologischen Experimenten, die von Forschern in der Dritten Welt unternommen wurden, Nutzen ziehen können. Wir wollen uns hier auf zwei Beispiele, die das Gegenteil beweisen, beschränken. Die erste und gleichzeitig berühmteste Maschine zur Herstellung von Ziegeln aus stabilisierter Lehmerde, die Presse ›CINVA-RAM‹ wurde 1957 in Kolumbien erfunden und später bekanntlich durch eine französische Firma, die die Teillizenz für die Fabrikation erworben hatte, in der ganzen Welt auf den Markt gebracht.

Vor kurzem hat Dänemark ein Forschungsprogramm zur Nutzung von Biogas aufgestellt, das aus organischen Abfällen gewonnen wird. Diese ›angepaßte Technologie‹ wurde den Dänen durch Ingenieure aus Indien vermittelt, welche die 1958 in China gemachten Erfahrungen weitergaben. Man muß sagen, daß Dänemark unter den westlichen Industrienationen dasjenige Land ist, in dem die Praxis der umweltschonenden Technologien am weitesten entwickelt ist, da es sich in eine alte politische und kulturelle Tradition einfügt. Ist es ein Zufall, daß François Cointeraux am Anfang des 19. Jahrhunderts in diesem Lande Schule gemacht hat? Man zählt dort heute Zehntausende während der industriellen Ära errichtete Lehmhäuser.

Ein Nord-Süd-Dialog auf der Erde, zwischen den Ländern, die sich bereits in der postindustriellen Phase befinden, und den anderen, die auf dem Weg zur Industrialisierung sind, wird für beide Seiten desto fruchtbarer sein, als letztere inzwischen fast die einzigen Bewahrer der geistigen, kulturellen und künstlerischen Traditionen der Lehmarchitektur darstellen – die bei ihnen zwar vom Aussterben bedroht, aber noch lebendig sind.

Die westlichen Nationen beherrschen ihrerseits bestimmte Methoden der technologischen Modernisierung, die bekanntlich in der Kombination der Erdmaterialien mit der Verwendung von Sonnenenergie und anderen bioklimatischen Prinzipien besteht, die ihrerseits ebenfalls häufig aus dem überlieferten Volksgut stammen. Die in den Vereinigten Staaten nach der Ölkrise von 1973 in dieser Methode errichteten Häuser erzielen bereits eine außergewöhnliche Energieautonomie, da sie in manchen Fällen bis zu 95 Prozent des häuslichen Energiebedarfs decken. Diese Lehmkonstruktionen mit Nutzung der Sonnenenergie stellen einen der Modellversuche der Architektur von morgen dar.

Neue Bestimmungen

Sicher, die Lehmarchitektur kann und darf nicht als Wunderlösung für alles angesehen werden. Unsere Gesellschaft hat schon genug durch illusorische Versprechungen, die aufeinanderfolgten, gelitten: »Unsere Zukunft liegt in der Kohle . . . im Erdöl, in der Elektrizität, in der Atomkraft«, so daß sie diese anzweifelbaren und nicht an die Realitäten angepaßten Schematismen nicht mehr akzeptieren kann. Ein »Unsere Zukunft liegt im Lehm« wäre ebenso absurd. Es scheint jedoch, daß sich für die Lehmbauweise neue Perspektiven eröffnen.

Diese Entwicklung wird um so faszinierender sein, als sie mit unvorgesehenen Wechselwirkungen zwischen zahlreichen ökonomischen, industriellen, politischen, kulturellen, gefühlsbedingten und psychischen Faktoren verbunden ist. Dieser Prozeß erscheint bereits wie ein merkwürdiges Paradoxon unserer Zeit: Im Industriezeitalter geht ein fruchtbarer Impuls für die Verbesserung von Methoden aus, die vor zehntausend Jahren erfunden, entwickelt und mit denen die ersten Städte der Menschheit erbaut wurden, und die sich dank der kontinuierlichen Überlieferung volkstümlicher Traditionen in den vorindustriellen Gesellschaften bis in unsere Zeit erhalten haben.

JEAN DETHIER

Anmerkungen

1 Zitiert von Anil Agarwal in seinem Werk ›Bâtir en terre: le potentiel des matériaux à base de terre pour l'habitat du Tiers Monde‹, Earthscan, London 1981.

2 Stuart Donelson, Jorge E. Hardoy und Susana Schkolnick, ›Aid for Human Settlements‹, 1978 vom International Institute for Environment and Development in London veröffentlichter Bericht.

3 Ibidem.

4 Die in Lyon von M. Pedrotti gegründete Gesellschaft ›Terre et Soleil‹.

5 ›L'unité pédagogique d'architecture (UPAG)‹ in Grenoble, wo die Gruppe CRATerre sich in Lehre und Forschung mit diesem Problem auseinandersetzt.

6 Die Gesellschaft Chaffoteaux und Maury bringt unter dem Namen ›Stargil‹ Ziegel und Dachziegel (!) aus kalt stabilisierter Tonerde auf den Markt, wobei sie ein patentiertes Verfahren anwendet, das in Rennes vom ›Institut National des Sciences Appliquées‹ entwickelt wurde. Außerdem hat das ›Centre Technique des Tuiles et Briques‹ (Paris) seit 1979 ähnliche Forschungsprojekte laufen und hofft, mit der Herstellung von Lehmerdeprodukten eine fünfzigprozentige Energieeinsparung zu erreichen.

7 ›Human Settlements in Africa‹; United Nations, Economic Commission for Africa, Addis Abeba 1976.

8 Anicet Kashamura, ›Culture et aliénation en Afrique‹, Paris, Editions du Cercle, 1971.

9 ›Taking an all-round altitude to science‹, Interview mit Indira Gandhi, veröffentlicht in ›Nature‹, Band 285, Nummer 5761, London 1980.

10 Julius Nyerere, ›The Arusha Declaration: Ten Years After‹, Tanzania Publishing House, Dar es Salaam, 1977.

11 In: ›Architectural Forum‹, New York, September 1972, S. 42-45.

12 William C. Grindley, ›Owners-builders: Survivors with a future‹ in: ›Freedom to build‹, veröffentlicht von John Turner und Robert Fichter, Mac Millan, New York 1972.

13 Nach Hugo Houben und Patrice Doat von der Gruppe CRATerre.

1 Luftaufnahme einer Siedlung im Draa-Tal, Marokko

1 Das Alter der Lehmarchitektur

Die Entstehung der volkstümlichen Traditionen der Lehmarchitektur geht auf die Anfänge der menschlichen Städte zurück. Lehm war der Baustoff der ersten städtischen Siedlungen in Mesopotamien, die vor zehntausend Jahren angelegt wurden: Jericho ist – wie schon erwähnt – wahrscheinlich die älteste von ihnen. Auch Babylon wurde vor zweitausendsiebenhundert Jahren mit Lehmerde gebaut, so wie der berühmte Turm von Babel, der in seinem Zentrum stand. Seit damals hat sich dieses Verfahren in den meisten Ländern der Welt durchgesetzt, viele Kulturen haben seit dieser Zeit dazu beigetragen, die Bautechnik so zu verbessern, daß das Bauen mit Lehm sich bis heute lebendig hielt. Die auf diese Weise entstandenen Bauten haben ihre Anpassungsfähigkeit und ihre Qualitäten in jeder geografischen Lage unter den verschiedensten Kulturen und Lebensumständen bewiesen.

Man findet beeindruckende Beispiele von Lehmarchitekturen in allen Kontinenten: natürlich archäologische und historische Denkmäler, aber auch unzählige Städte und Dörfer, in denen das Erbe der jahrhundertealten Traditionen immer wieder weitergegeben wird, die durch den Erfahrungsaustausch zwischen den verschiedensten Kulturen befruchtet werden. Es scheint, daß wir in jüngster Zeit – nach der Energiekrise – ein Weiterlaufen dieser Traditionskette und eine Revitalisierung der Lehmarchitektur miterleben dürfen . . .

2 Rituelle Aufbereitung von Erde als Rohmaterial für den Bau, dargestellt auf dem Fries des Tempels von Month in Tôd, Ägypten

3

4

3 Maßstabgetreue Rekonstruktion eines Landhauses aus der Inkazeit im Rimac-Tal bei Lima, Peru

4 Maßstabgetreue Rekonstruktion (um 1968) des Tempels von Emach, Irak. Siehe auch Abb. 181, Seite 140

5

6

5 Grabmal der vor 1500 Jahren errichteten Nekropole von Bagawat in der Oase Kharga, Ägypten

6 Die Städte des Altertums im Mittleren Osten haben wahrscheinlich ähnlich ausgesehen wie diese befestigte Agglomeration von Tissergate im Draa-Tal, Marokko

7 Darstellung einer Stadt im alten Mesopotamien. Stich nach einem zeitgenössischen Relief

▷

10 Stufenpyramide des Königs Djoser, um 2650 v. Chr. In vielen Kulturen baute man Pyramiden aus ungebrannten Lehmziegeln, oft mit einer abdichtenden Außenverkleidung: im Ägypten der Pharaonen, in Mexiko zur Zeit der Azteken und Tolteken und in Peru zur Zeit der Chimú-Kultur

8 Illustration aus ›Le Prince du Nil‹, einem Zeichenband von Jacques Martin: Ansicht einer ägyptischen Stadt mit Lehmbauten rund um einen Palast

9 Ruinen einer Stupa (Pagode) aus dem 6. oder 7. Jahrhundert in Yar, in der Nähe von Turfan, China

▷

11 Diese Lehmbauten wurden um 1350 von den Indianern errichtet. Die Ruinen der ›Casa Grande‹ (Arizona) gehören zu den ältesten Architekturüberresten Nordamerikas und zu den wichtigsten Zeugnissen der Kulturgeschichte der Vereinigten Staaten. Sie werden durch eine Metallkonstruktion vor Witterungseinflüssen geschützt

10

11

2 Die Stärke und Festigkeit der Lehmarchitekturen

Alle sind sich zwar darin einig, daß die historischen und volkstümlichen Traditionen der Lehmarchitektur sehr alt sind, aber häufig verleiten Vorurteile zu der Meinung, die Lehmbauten seien fragil und ihre Dauerhaftigkeit sei sehr gering. Eine objektive Analyse der alten, überall in der Welt erhaltenen Bausubstanz bezeugt jedoch oft das Gegenteil.

Noch heute kann man im Süd-Westen der Vereinigten Staaten viele bereits im 16. Jahrhundert aus Lehmerde errichtete Kirchen und Klöster sehen, sowie in Schwarz-Afrika große Moscheen, deren Gründung fast auf die gleiche Epoche zurückgeht. Die riesigen Wehrmauern, die seit dem 12. Jahrhundert um viele Städte Afrikas (Marrakesch, Fez, Rabat . . .), Europas oder des Mittleren Osten gelegt wurden (und nunmehr als ›historische Denkmäler‹ eingestuft sind), zeugen von der Stärke und Dauerhaftigkeit sorgfältig errichteter Lehmbauten. Aus diesem Grund haben die chinesischen Kaiser am Anfang des 3. Jahrhunderts vor Christus mit dieser Technik die berühmte Chinesische Mauer erbauen lassen. Die Widerstandsfähigkeit der Lehmerde haben viele Heerführer ausgenutzt, angefangen von Hannibal im 2. Jahrhundert vor Christus in Spanien, bis zum Ingenieurkorps der amerikanischen Armee im Jahr 1943. Seitdem hat der technische Fortschritt dazu beigetragen, diese Widerstandsfähigkeit noch zu verbessern.

12 Moschee von Djenné, Mali, 1905 wiederaufgebaut

13 Tor in der Befestigungsmauer von Bab-al-Idriss in Al-Shihr, Südjemen

14 Befestigte Kirche des Isleta Pueblo, um 1680 von den Spaniern erbaut, New Mexico, USA

▷

15 Haupteingang der großen Freitagsmoschee in Mopti, Mali, die 1935 wiederaufgebaut wurde

15

16

17

16 Wehrmauer von Tash Qurghan, Afghanistan

17 Bololah, befestigte Siedlung in Afghanistan

18

19

18 Wehrmauer von Marrakesch, Marokko, im 13. Jahrhundert erbaut und 1922 unter Denkmalschutz gestellt

19 Luftaufnahme von Tiznit, Marokko. 1882 errichtet und von einer fünf Kilometer langen Wehrmauer aus Stampferde umgeben

20

21

3 Die Verschiedenheit der Formen bei den Lehmbauten

Mit der Lehmerde hat man Bauten von außerordentlichem Formenreichtum errichtet und eine beeindruckende Vielfalt von Architektursprachen entwickelt, in denen sich die kulturelle Originalität der Benutzer deutlich ausdrückt.

In allen Kontinenten waren jahrhundertelang in der monumentalen wie in der schlichten Architektur die Traditionen der Lehmbauweise gepflegt worden; die ihnen innewohnende Genialität und Virtuosität wurde jedoch in unserer Zeit seit einem halben Jahrhundert rücksichtslos ignoriert und verachtet.

So haben bestimmte Führungsschichten die Idee eines ›Fortschritts um jeden Preis‹ propagiert und eine Architektur durchgesetzt, die man als ›Internationalen Stil‹ bezeichnet. Um seine stereotypen Baumuster überall zu verbreiten, brachte er die regionalen Traditionen auf brutale Weise zum Verschwinden, blickte mit Verachtung auf die verschiedenen Formen der volkstümlichen Technik herab und ließ sie schließlich mancherorts ganz in Vergessenheit geraten. Diese sind jedoch Ausdruck eines kulturellen Erbes, das wir nun wiederentdecken müssen: nicht aus Nostalgie, sondern um eine lebendige Kontinuität zwischen der Weisheit traditioneller Erfahrungen und der kühnen Hoffnung auf eine Zukunft herzustellen, die den kulturellen Verschiedenheiten und regionalen Autonomien ein neues Heimatrecht zugesteht.

20 Traditionelles Junggesellenhaus (Bozo) in einem Dorf bei Mopti, Mali, wahrscheinlich um 1850 erbaut

21 Mausoleum des Propheten Hüd in Quabr Hüd, Südjemen

22 Freitagsmoschee in San, Mali. Die drei Minaretts wurden vermutlich um 1930 errichtet

23 Terrasse der Moschee des Dorfes Igoulmime in der Nähe von Goulmima im Tal des Rheris, Marokko

24 Befestigte Farm (tata) des Somba-Stammes, die von einer Familie bewirtschaftet wird; bei Tapyeta im Atakora-Gebirge im Nordwesten von Benin

25 Haus einer vornehmen Familie in Segou, Mali

26 Stadthaus in Mopti, Mali, wahrscheinlich um 1960 errichtet

▷

27 Bäuerliche Burganlage (Kasbah) im Dadès-Tal, Marokko

27

28

29

28 Traditionelles Bauernhaus in der Dauphiné, Frankreich

29 Haus einer vornehmen Familie im Nordjemen

30 Ländliche Siedlung der Aït Oudinar im Dadès-Tal, Marokko

31 Bäuerliches Wohnhaus, die sogenannte ›case-obus‹ des Musgum-Stammes, Kamerun

32 Missionskirche in Nordamerika, 1782 zu Ehren des Heiligen Franz von Assisi von den Spaniern erbaut. Die Stadt San Franzisco, die um die Kirche herum gebaut wurde, ist nach ihr benannt worden

33 Taubenhaus im Gebiet von El Fayum, Ägypten

▷

34 Städtisches Gebäude in Zinder, Niger

34

35

36

4 Von den verschiedenen Funktionen der Lehmbauten

Seit fünfzig Jahren hat die kulturelle Konditionierung so stark zugunsten der Dogmen der modernen Architektur gewirkt, daß wir häufig vergessen haben, wie geeignet die Lehmbauweise ist, die verschiedensten Funktionen zu erfüllen und ihnen gerecht zu werden. Die überall in der Welt errichteten Lehmbauten zeigen eine starke Vielfalt, technische Meisterschaft und hervorragende künstlerische Kreativität. Neben dem Bau von Wohnhäusern, die keineswegs nur primitive Lehmhütten sind, sehen wir eine reiche Skala von öffentlichen Gebäuden, die der materiellen und geistigen Entwicklung städtischer und ländlicher Gesellschaften dienen: Moscheen, Kirchen, Kornspeicher, Magazine, Umfassungsmauern, Zitadellen, Mühlen, Aquädukte, Zisternen, Arenen, Stadttore, Tempel und Paläste.

35 Brennofen im Gebiet von Kerman, Iran

36 Stierkampfarena in Peru, im 18. Jahrhundert erbaut

37 Kirche von Bourdenous bei Corbelin im Département Ain, Frankreich

38 Rosinenspeicher und -trockenhaus in einer Oase von Turfan im Gebiet von Uighur, Xinjiang, China

39 Getreidesilo im Gebiet von Bandiagara in Mali

▷

40 Moschee von Kawara im Norden von Ferkéssé-dougou, Elfenbeinküste

41 Ländliches Wohnhaus in Djoub-es-Safa, 25 Kilometer östlich von Aleppo, Syrien

40

41

42

43

42 Internat aus dem 19. Jahrhundert, Lima, Peru

43 Wasserturm in In Salah in der algerischen Sahara

44 Das monumentale Eingangstor der um 1930 neu erbauten Stadt Timimoum, Algerien

45

46

5 Die Universalität der Lehmarchitektur

Im Gegensatz zu den leider sehr verbreiteten Vorurteilen gibt es nicht nur bei den weit entfernten Völkern Afrikas Lehmarchitektur; sie ist universell, das heißt, man findet sie in den meisten Ländern der Welt und in allen Kontinenten. Heute lebt ein Drittel der Menschheit in Lehmhäusern! Die Lehmbauweise hat sich den verschiedensten Kulturen und Klimazonen angepaßt; sie wird ebenso in den heißen, trockenen und wüstenähnlichen Gebieten wie in den kalten, regnerischen und schneereichen Gegenden angewendet. Man kann die einzelnen Kettenglieder dieser zusammenhängenden Architekturtechnik im Norden Europas, in Skandinavien, in England und Deutschland, Frankreich, Spanien und Italien, im Maghreb, in der Sahara und in anderen Teilen Afrikas finden. Ebenso lebendig ist diese Tradition in Nord- und Südamerika, im Mittleren Osten, in Asien und Australien.

Es ist dabei bemerkenswert, daß der Universalität dieser Architektur eine sehr große Vielfalt ihrer technischen und kulturellen Anpassung an die jeweiligen Erfordernisse der verschiedenartigen ländlichen und städtischen Gesellschaften gegenübersteht.

45 Burgähnliche Wohnanlage (Kasbah) der Aït Hadidou im Gebiet von Imilchil im Hohen Atlas, Marokko

46 Spanisches Dorf in Lehmbauweise

47 Häuser des Dorfes Gharb, Assuan, Ägypten

48 Bauernhäuser in Indien

▷

49 Ländliches Wohnhaus in Nepal

50 Siedlung der Aït Ibrirn im Dadès-Tal, Marokko

49

50

51 Bankgebäude auf dem Dorfplatz von Villa de Leyva, Kolumbien

52 Ländliche Siedlung in Yunnan im Gebiet von Kunming, Yunnanfu, China

53 Die Santo Antonio Kirche in São Roque im Staat São Paulo, Brasilien, um 1640 erbaut

▷
54 Stadthäuser in Djenné, Mali

54

55

56

57

55 Städtisches Wohnhaus in Buchara, Usbekistan, UdSSR

56 Städtische Wohnhäuser in Sanaa, Nordjemen

57 Ländliches Wohnhaus (cottage) in der Grafschaft Devonshire, Großbritannien

58

59

58 Große Moschee in Bobo Dioulasso, Obervolta

59 In- und übereinandergeschachtelte Wohnsiedlung des Indianer-Pueblo Taos, der um 1250 gegründet wurde. New Mexico, USA

6 Einige Methoden der Lehmbauweise

Obwohl es in der Welt unbezweifelbar eine Vielfalt von Konstruktionstechniken in Lehmerde gibt, kann man zwei hauptsächliche Verarbeitungsweisen dieses Materials unterscheiden:

Erstens das Bauen mit Stampferde, pisé de terre, die zur Errichtung dicker Mauern dient. Bei diesem Verfahren wird der Lehm innerhalb seitlich angebrachter Schalungen zusammengepreßt, die beim Fortschreiten des Baus entfernt werden.

Zweitens die Verwendung von Lehmziegeln, sogenannten Adoben. Lehmziegel werden in Holzmodeln geformt und in der Sonne getrocknet und dann normalerweise zur Errichtung von Mauern oder, in ausgearbeiteter Form, für Gewölbe und Kuppeln (mit oder ohne Schalungen) verwendet.

Traditionsgemäß wird die Lehmerde sorgfältig ausgewählt und dann mit Wasser und pflanzlichen Stoffen (zumeist kleingehacktes Stroh) zu einer einheitlichen Masse vermischt. Gegen Schäden an den Lehmmauern durch die Erosion des Wassers hat man schon vor langer Zeit sehr wirksame Gegenmaßnahmen entwickelt: erstens ein weit vorkragendes Dach, um die Hauswände vor Regen zu schützen, und zweitens steinerne Fundamente, um Erosionsschäden der Mauern durch Wasserläufe und aufsteigende Feuchtigkeit zu vermeiden.

Neben der Errichtung von Mauern in Stampferde- oder Lehmziegeltechnik kann man die Lehmbauweise für verschiedene traditionelle Arten der Bedachung von Gebäuden verwenden: Dachterrassen, Kuppeln und Gewölbe, deren vielfältige Formen und Dimensionen den Lehmarchitekturen ihre unterschiedliche Prägung geben. Alle diese traditionellen Bauweisen haben im 20. Jahrhundert diverse technische Verbesserungen erfahren, um ihre Effizienz und Brauchbarkeit zu erhöhen.

60 Jährliche Erneuerung des Lehmverputzes der Moschee von Koundouga, Obervolta

60

61 Stele (Grabsäule) eines Königs von Mesopotamien, der symbolisch am Beginn der Bauarbeiten für einen Tempel teilnimmt: Er trägt einen Korb mit luftgetrockneten Lehmziegeln auf dem Kopf

62 Statue eines Arbeiters aus Mesopotamien, der den Lehm für die Herstellung der Ziegel trägt

63

64

63 Pisé-Technik: Das Stampfen des Lehms in die Holzverschalungen für die Seitenwände, die nach dem Trocknen weitergeschoben werden

64 Adobe-Technik: Die Ziegel werden in Formen gedrückt und an der Sonne getrocknet

65

66

67

65-68 Konstruktion eines schrägen, sogenannten ›nubischen Gewölbes‹ aus luftgetrockneten Lehmziegeln und ohne Holzverschalung:

65 Errichtung der tragenden Mauer des Gewölbes

66 Die erste Ziegelschicht wird errichtet und an die tragende Mauer des Gewölbes angelehnt

67 Entstehen mehrerer paralleler Gewölbe

68 Das ›nubische Gewölbe‹ ist fertiggestellt

68

▷

69-72 Konstruktion einer Kuppel aus luftgetrockneten Lehmziegeln ohne Holzverschalung:

69 Errichten des Gewölbezwickels für die Kuppel

70 Konstruktion einer Gewölbekappe für die Kuppel

71 Schließen der Kuppel

72 Eine Reihe von Kuppeln bildet die Bedachung einer Moschee in Nordjemen

69

70

71

72

73

74

73 Bau eines holzverstärkten Gewölbes aus Lehm im Bezirk Tahoua, Niger

74 Innenansicht eines sogenannten ›Haussa-Gewölbes‹ aus holzverstärktem Lehm im Innern des Sultanpalastes in Dosso, Niger

75

76

75 Bau von städtischen Wohnhäusern in Sadaa, Nordjemen. Bei dieser Stampfbauweise wurden nach jemenitischer Tradition die Ecken der Mauern höher hinaufgezogen, um sie zu verstärken

76 Luftansicht des Stadtkerns von Séojane, Iran. Die Kuppeln überdachen die Hauptwege des Basars

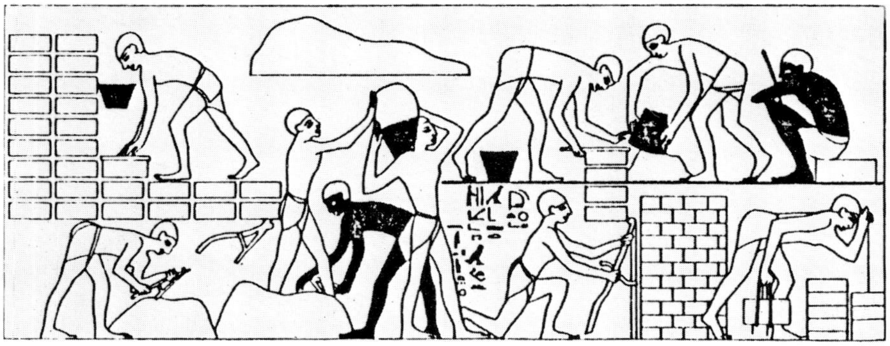

77 Ägyptischer Fries, die verschiedenen Stufen der Herstellung von luftgetrockneten Lehmziegeln und ihre Verarbeitung darstellend

78 Deutsche Illustration aus dem 19. Jahrhundert, die Konstruktion von ländlichen Wohnhäusern aus Lehm darstellend

79 Französische Illustration der einzelnen Herstellungsphasen von luftgetrockneten Lehmziegeln am Stadtrand von Reims um 1860. Im Hintergrund die Eisenbahn und die Kathedrale

▷
80 Wohnhaus im Südwesten von Saudi-Arabien. Die übereinander angebrachten horizontalen Reihen flacher Steine sollen das Haus vor dem gelegentlich sturzbachartig herunterkommenden Regen schützen

80

81 Aufbringen des Außenverputzes aus Lehm auf ein Haus in Santa Fé, New Mexico, USA

82 Ritus der jährlichen Erneuerung des Lehm-Außenverputzes der Moschee in einem Bambara-Dorf in Mali

83 Aufbringen des Lehms auf der Dachterrasse eines ländlichen Wohnhauses im Dadès-Tal, Marokko

▷

84 Anbringen einer schmückenden Wandverkleidung aus Lehm auf eine Mauer im Sahara-Gebiet, Algerien

84

7 Reiche und Arme bauen mit Lehm

Die Verwendung der Lehmbauweise ist keineswegs auf bestimmte soziale Schichten beschränkt. In der traditionellen Architektur verwenden alle das gleiche Grundmaterial, die Besitzenden ebenso wie die Armen.

Bereits im Altertum schätzten die Mächtigen der damaligen Welt die guten Baueigenschaften der Lehmerde ebenso wie ihre ärmeren Zeitgenossen. Und diese Einstellung hat sich bis in unsere Tage erhalten. Als Zeugnisse alter Lehmarchitekturen seien der Palast des Königs Minos in Knossos auf Kreta (2000 v. Chr.), der Statthalterpalast von Mari in Mesopotamien (900 v. Chr.) sowie die Residenz des Pharao Amenophis III. in Achet-Aton bei Theben (1400 v. Chr.) angeführt; aus neuerer Zeit erwähnen wir die Überreste des Palastes des Raqchi in Peru (1450), den Bedi-Palast in Marrakesch (1578), die Residenz des Dalai Lama in Tibet und diejenige des Emir von Daura in Nigeria (1780), den Gouverneurspalast in Santa Fé in den Vereinigten Staaten (1609) oder aus jüngster Zeit (1980) den Sommersitz eines amerikanischen Holzindustriellen in Taos, ebenfalls USA.

Lehmarchitekturen gibt es sowohl in den wirtschaftlich reichen wie den armen Ländern. Aber ein moderner geistiger Umdenkprozeß veranlaßt die einen – häufig die gesellschaftlich Privilegierten –, den Lehmbau wegen seiner Behaglichkeit und Wärme, Reinheit und umweltschonenden Qualitäten zu schätzen, und ihm eine Ausstrahlung mütterlicher Geborgenheit zuzuschreiben, während die anderen – häufig die Ärmeren – seine Verwendung oft als Archaismus empfinden, der ein Hindernis für die Erreichung der materiellen Güter des modernen Fortschritts darstellt.

85 Ländliche Siedlung im Hohen Atlas, Marokko

86 Palast der königlichen Familie in Riad, Saudi-Arabien

85

86

87

88

87 Speisesaal der Casa Estudillo aus dem 19. Jahrhundert in San Diego, Kalifornien, USA

88 Haus eines Scheichs, des Oberhauptes der Gemeinde Bouadel im Rif-Gebirge, Marokko

89 Prunkhof im Palast des Emirs von Dansa, Nigeria

90 Palast von Ségou-Sikoro am Niger, Mali

91 Schloß aus dem 19. Jahrhundert im Saône-Tal bei Lyon, Frankreich

92 Schloß Glaoui, Sitz eines Feudalherrn aus dem 19. Jahrhundert in Telouet im Hohen Atlas, Marokko

▷

93 Palast des Sultans in Agadès, Niger

94 Palast in Tarim, Südjemen, errichtet Anfang des 20. Jahrhunderts, mit Spuren indischer und indonesischer Einflüsse

93

94

8 Städtische Lehmarchitektur

Die verschiedensten Kulturen haben ganze Städte aus Lehmerde errichtet. Von einigen sehr alten gibt es nur mehr archäologische Zeugnisse. Als Beispiele nennen wir Jericho, zweifellos die erste historisch faßbare Stadt, vor rund 10 000 Jahren erbaut, Catal Hüyük (ca. 7000 bis 5800 v. Chr.), Harappa und Mohenjo-Daro (1. Hälfte des 2. Jahrtausend v. Chr.) in Pakistan, Achet-Aton in Ägypten, das berühmte Babylon im Irak, Chan-Chan in Peru, Medina Azzahra bei Córdoba in Spanien und Khirokifia auf Kreta.

Auf antiken Fundamenten sind manchmal neuzeitliche Städte entstanden, in denen die Lehmbauweise noch immer vertreten ist. Ein Beispiel dafür bietet Lyon, die drittgrößte Stadt Frankreichs, das alte Lugdunum, die Hauptstadt des römischen Gallien. Sehr viele, während der spanischen Eroberung von Süd- und Mittelamerika entstandene Städte sind heute noch Zeugnisse für die urbane Verwendung des Lehmbaus, wie zum Beispiel die Hauptstadt von New Mexico in den USA, Santa Fé, oder das Zentrum der kolumbianischen Hauptstadt Bogotá. In Afrika und im Mittleren Osten gibt es eine erstaunlich große Anzahl von Lehmstädten: Kano in Nigeria, Agadès in Niger, Timbuktu in Mali, Oualata in Mauretanien, Marrakesch in Marokko, Adrar in Algerien, Gadames in Libyen, Sadaa in Nordjemen, Shibam in Südjemen, Yazd im Iran . . .

Auf der Grundlage dieser urbanen Traditionen hat man in jüngster Zeit verschiedene Versuche unternommen, die Techniken der städtischen Lehmarchitekturen zu erneuern: in Afrika (Marrakesch und Rosso), in Europa (in Frankreich bei der neuen Stadt L'Isle d'Abeau bei Lyon und in Ostdeutschland) sowie in den Vereinigten Staaten (Santa Fé und Albuquerque).

95 Sanaa, Nordjemen, mit seinen fünfstöckigen Wohnhäusern

95

96

97

96 Straße eines Vorortes von Lima, Peru

97 Ortszentrum von Villa de Leyva, Kolumbien

98 Luftaufnahme des Stadtkerns von Mopti, Mali. Im Hintergrund die 1905 wiederaufgebaute große Moschee und der Niger

99 Wohnsiedlungen mit achtstöckigen Häusern in Shibam, auch ›Manhattan der Wüste‹ genannt, im Tal des Wadi Hadramaut, Südjemen (siehe auch Abb. 101). Mehr als die Hälfte der Wohngebäude dieser sehr alten Stadt sind in der zweiten Hälfte des 20. Jahrhunderts wiederaufgebaut worden

100 Stadtplan von Sadaa, Nordjemen, angefertigt von dem Architekten Werner Dubach nach einer Luftaufnahme von 1973

▷

101 Luftaufnahme von Shibam, Südjemen (siehe auch Abb. 99). Im Hintergrund die ›hohe‹ Stadt mit ihren 500 Wohnhäusern; im Vordergrund die neuen Vororte, ebenfalls aus Lehm gebaut

102 Luftaufnahme des Médina-Viertels im alten Stadtkern von Marrakesch, Marokko

101

102

103 Wohnhäuser aus Lehm in einer spanischen Stadt

105 Straße im Zentrum von Saana, Nordjemen. Die Gebäude bestehen im Erdgeschoß aus Stein, in den oberen Stockwerken aus Lehm

▷

106 Straße im Zentrum von Santa Fé, New Mexico, USA, von den Spaniern gegründet

104 Luftansicht von Wohnsiedlungen aus Stampferde aus dem 19. Jahrhundert in Lyon, Frankreich

105

106

107 Luftaufnahme des Zentrums von Täbris, Iran

108 Luftaufnahme des Stadtkerns von Taizz, der zweitgrößten Stadt Nordjemens. Im Vordergrund die Al Ashrafiyah-Moschee aus dem 19. Jahrhundert

9 Ländliche Lehmarchitektur

Neben den Städten haben die ländlichen Kulturen die Traditionen der Lehmbauweise in einer solchen Vielfalt ausgeprägt, daß es zu weit führen würde, sie aufzuzählen. Zwar sind ihre zahlreichen Beispiele in Asien, Afrika, dem Mittleren Osten und Lateinamerika im allgemeinen Bewußtsein verankert, paradoxerweise sind jedoch die Zeugnisse in den westlichen Industrieländern viel weniger bekannt. Aus Lehmerde erbaute Dörfer gibt es in den Vereinigten Staaten und – zu Tausenden – in ganz Europa, von den trockenen Zonen in Spanien und Italien bis zu den regenreichen Gebieten in England, Deutschland, Dänemark und Schweden. In Frankreich, wo diese Tradition mindestens fünfzehn Prozent der erhaltenen ländlichen Bausubstanz repräsentiert, findet man die häufigsten Zeugnisse rund um Lyon, Grenoble, Toulouse, Rennes, Reims, Avignon und in der Nähe von Chartres.

In allen diesen Dörfern nimmt die Lehmarchitektur entweder die Struktur von dichtgedrängten, manchmal befestigten Siedlungsgefügen städtischen Charakters an, oder von Streusiedlungen, in denen sich ein stärkerer Individualismus ausprägt. In den Agrargesellschaften sind die – oft jahrtausendealten – Traditionen bewahrt, ohne dabei notwendigerweise einen Erstarrungsprozeß durchgemacht zu haben oder durchzumachen.

So findet man zum Beispiel in den eindrucksvollen Tälern am Rande der Sahara in Marokko (vor allem im Draa- und Dadès-Tal) heute einerseits Dörfer (Ksour), die zweifellos den ersten städtischen Siedlungen der Menschheit in Mesopotamien ähneln, und andererseits erst in jüngster Zeit in Lehmbauweise errichtete Gebäude, bei denen die Assimilation verschiedener moderner Architekturmuster erkennbar ist. So entwickelt sich die ländliche Lehmarchitektur weiter und verbindet in einer höchst interessanten Mischung traditionelle und moderne Züge.

109 Kasbah im Dadès-Tal, Marokko

110

111

110 Siedlung der Pueblo-Indianer, gegründet um 1250, New Mexico, USA (siehe auch Abb. 59, S. 59, von 1981)

111 Dorf in der Gegend von Aurès, Algerien

112

113

112 Strohgedeckte Scheune aus Stampferde in der Dauphiné (Lac Paladru), Frankreich

113 Burgähnliche Anlage im Gebiet des Wadi Khabb, Nordjemen

114 Bauernhof aus Stampferde in Spanien

115 Ländliche Siedlung der Gurunsi in Tiébélé, Obervolta

116 Ländliche Siedlung im Gebiet von Xi'an (Shaan Xi), China

▷

117 Zarathustra-Heiligtum bei Taft im Gebiet von Yazd, Iran

118 Burgähnliche Wohnanlage (Kasbah) am Oberlauf des Dadès, Marokko

117

118

10 Die Ornamentik der Lehmarchitektur

Die Lehmbauweise gestattet eine Einheit der Materialität und der Geistigkeit des Bauvorgangs; denn dieses Material ermöglicht die Simultaneität des Bauprozesses und der künstlerischen Ausschmückung. Die Freude, die die traditionellen Kulturen an der ornamentalen Ausgestaltung empfinden – ein Merkmal ihrer Vitalität – findet in der künstlerischen, dekorativen und schöpferischen Kraft der Lehmarchitekturen ihren Ausdruck: abstrakte, zeichenhafte, geometrische, symbolische oder figurative Elemente werden in die Mauern eingeritzt oder als Reliefs darauf angebracht. Bestimmte Techniken der Lehmbauweisen sind relativ leicht zu erlernen, so daß sie teilweise oder ganz von den Bewohnern selbst angewandt werden können. Die Mauern tragen häufig einen Lehmverputz, der dem Gebäude ein einheitliches Aussehen verleiht und es vor Witterungsschäden schützt: Er wird in der Regel jedes Jahr nach der Regenzeit erneuert. Das Aussehen der Fassaden wechselt also in zyklischer Folge und kann unendlich variiert werden: Die individuelle Kreativität verleiht den Wänden ihre Erscheinungsvielfalt und den Reichtum ihrer Strukturen und Formen. In der Lehmbauweise erlebt die Schöpferkraft des Baumeisters und des künstlerisch schaffenden Handwerkers eine ideale und vollständige Einheit. Das Ornament besteht hier aus dem gleichen Grundstoff wie die Wände und ist in organischer Weise mit ihnen verbunden: Es ist ebensowenig von seinem architektonischen Untergrund zu trennen wie es aus der Vorstellungswelt der Gemeinschaft, in der es entstand, zu lösen ist.

119 Städtisches Wohnhaus, 1947 in der Stadt Zinder im Bezirk Tahoua, Niger, errichtet

119

120

121

122

123

124

◁

120 Fetisch als Pfosten der Galerie am Haus eines Dorfältesten, Elfenbeinküste

121 Anbringen von Lehmornamenten an einem Wohnhaus in Oualata, Mauretanien

122 Detailansicht eines durchbrochenen Ornamentenfrieses aus Lehm am Fuß einer Moscheekuppel in Djibla, Nordjemen

125

123 In die Lehmwand eingeritzte Ornamente, Zinder, Niger

124 Auf die Lehmwand eines Hauses des Sénoufo-Stammes modelliertes Relief eines Fetischs, Elfenbeinküste

125 Barockkirche aus dem 18. Jahrhundert, Peru

126 Detailansicht der Fassade eines typischen alten Hauses des Bozo-Stammes bei Mopti, Mali

127

128

127 Die oberen Stockwerke einer Kasbah der Mgouna bei El Kelâa, im Dadès-Tal, Marokko

128 Eingang eines Hauses des Songhaï-Stammes in Obervolta

129 Mit eingeritzten Ornamenten geschmückte, restaurierte Lehmmauer aus der Zeit der Chimú-Kultur (13. Jahrhundert) auf der Ausgrabungsstätte der alten Hauptstadt Chan-Chan bei Trujillo

130 Detail einer mit Lehmornamenten geschmückten Hausmauer im Ausgrabungsgebiet der Stadt Chan-Chan, Peru

131 Zwei figürliche Hochreliefs, von Nischen eingerahmt, auf der Vorderfront des Palastes der Könige von Abomey, Dahomey

132 Herkömmliche Ornamentik im Innenhof eines städtischen Wohnhauses in Oualata, Mauretanien

133 Fassadenschmuck eines Hauses in Al Juba, Nordjemen

134 Der Emir vor dem Palast von Zaria, Nigeria

11 Die Sinnlichkeit der Lehmarchitektur

Ein besonderer Reiz des Bauens mit Lehmerde liegt in der Handhabung und Formung des wichtigsten und fruchtbarsten Elements unseres Planeten. Diese Fruchtbarkeit des Materials scheint bei vielen seiner Benutzer den Impuls hervorzurufen, das Vergnügen, dieses lebendige Material zu bilden und zu formen, noch dadurch zu erhöhen, daß sie unter ihren Händen weiche runde Formen entstehen lassen, die sich angenehm anfühlen und zum Darüberhinstreichen geradezu einladen. So wird die Architektur zugleich Verkörperung eines tiefen kreativen Impulses und Ausdruck von Lust und Vergnügen; einer Sinnenfreude, die den privaten und öffentlichen Bereich der Architektur mit einer erotischen Dimension erfüllt, in der die Freiheit, Formen aus dem Schoß der Erde zu schaffen, triumphiert.

So bildet die Lehmarchitektur bisweilen – wie in Mali – in die Höhe strebende, gelängte Formen aus, die nicht durch bautechnische Erfordernisse bedingt werden, sondern als Ausdruck eines sinnlichen Behagens und der Lust am Urstoff Erde zu verstehen sind. Dieser schöpferische Impuls wird von Männern und Frauen in eine Formensprache von großer Lebendigkeit und Spannkraft übertragen, die ständig wechselt und sich stets erneuert: Die Elemente dieses Skulpturenvokabulars werden jedes Jahr nach der Regenzeit wie in einem rituellen Fest neu modelliert, neu gedeutet, mit neuem Leben erfüllt: Schöpfertum in direktem Kontakt mit einer Materie, die weder kompliziertes Handwerkszeug noch akademisches oder technisches Wissen erfordert. Notwendig dafür ist jedoch das Verlangen, in Harmonie mit dem kulturellen Erbe und dem Genius loci die lebenskräftigen kollektiven Traditionen zu übernehmen und an ihrer ewigen Erneuerung mitzuwirken.

135 Detailansicht des plastischen Architekturschmucks rund um die Freitagsmoschee in San, Mali

135

136 Plastische Architekturelemente der Sangha-Moschee des Dogon-Stammes, Mali

137 Detailansicht einer Treppe an der Außenseite eines ländlichen Wohnhauses der Gurunsi in Tiébélé, Obervolta

138 Detailansicht der Dachterrasse und der Regenrinne eines Hauses des Dogon-Stammes in Sangha, Mali

139

140

141

139 Detailansicht der Giebelmauer, die die Dachterrasse der großen Moschee von Djenné, Mali, begrenzt

140 Anbringen eines figürlichen Schmuckornaments aus Lehm auf einer Hausfassade in Indien

141 Innenhof und Lichtschacht der Schloßfeste Glaoui in Touarirt, Quarzazate, Marokko

142

143

142 Aufbringen einer schützenden Verputzschicht auf Kalkbasis an einem Lehmhaus in Sanaa, Nordjemen

143 Kuppelkonstruktionen der Überdachung eines Basars im Zentrum von Kashan, Iran

144

145

144 Kuppeln der Dachkonstruktion des Basars von Yazd, Iran

145 Grabmahl von Sayid Merza Khoja in der Nähe des Dorfes Barfak im Norden von Baniyan, Afghanistan

146

147

146 Mauerskulpturen auf der Dachterrasse der großen Moschee von Djenné, Mali

147 Plastischer Architekturschmuck am Eingang der großen Moschee von Djenné, Mali

12 Die von Lehmbauten erreichte Höhe

War der erste Wolkenkratzer unserer Geschichte ein Lehmbau? Neue archäologische Untersuchungen lassen vermuten, daß der berühmte Turm von Babel im 7. Jahrhundert vor Christus im Herzen von Babylon aus diesem Material gebaut wurde. Seine sieben Stockwerke scheinen eine Höhe von rund neunzig Metern erreicht zu haben! In Mesopotamien ragten offenbar in vielen Städten große Stufenpyramiden auf, die eine Höhe von vierzig bis fünfzig Metern erreichten. Diese historischen Traditionen werden bis in unsere Zeit in der volkstümlichen Lehmarchitektur fortgesetzt, in der man ebenfalls sehr hohe Gebäude errichtet.

Die marokkanischen Dörfer (Ksour) in den Tälern am Rande der Sahara oder die Burganlagen (Kasbahs) der Region besitzen vier Stockwerke. Das gleiche gilt für die Dörfer im südlichen Nordamerika, wie zum Beispiel im Taos-Pueblo. Die hohen Minarette der Moscheen in Afrika und im Mittleren Osten scheinen geradezu dem Gesetz der Schwerkraft zu trotzen. Von allen Städten der Welt, die völlig in Lehmarchitektur errichtet sind, ist jedoch Shibam im Südjemen durch seine Virtuosität am erstaunlichsten. Man nennt die Stadt manchmal das ›Manhattan der Wüste‹, denn ihre fünfhundert Gebäude erwecken den Eindruck eines Waldes von Wolkenkratzern: Sie umfassen meist acht Stockwerke und erreichen eine Höhe von dreißig Metern. Zwar ist die Tradition dieser jemenitischen Städtebauweise sehr alt, doch wurde mehr als die Hälfte dieser Gebäude in unserem Jahrhundert errichtet und beweist dadurch die Vitalität dieser Bautechnik und ihre Möglichkeiten, sich den Erfordernissen des modernen Städtebaus anzupassen.

148 Ein über dreißig Meter hohes Minarett der großen Moschee von Agadès, Niger, markiert weithin den Ort des Gebetes. Die Moschee wurde um 1500 erbaut und 1844 neu errichtet

149 Befestigungsmauer des Ksar Rbat El Ajar im Draa-Tal, Marokko

148

149

150 Wehrtürme des Ksar Igoulmime in der Nähe von Goulmima im Rhéris-Tal, Marokko

▷

151 Minarett von Hazrate Sale in Afghanistan

152 Das Minarett der Moschee Al Mikhdar in Tarim in Südjemen erscheint leicht und schwerelos

153 Minarett einer Moschee in Moka, Nordjemen

151

153

154 Fassade der Moschee des Dorfes Koro, Mali

155 Modernes städtisches Wohnhaus mit fünf Stockwerken in Shibam, Südjemen

156

13 Die Größe der Lehmbauten

Die in der Lehmarchitektur vorhandenen Möglichkeiten erlauben nicht nur die Konstruktion von hohen, sondern auch von geräumigen Gebäuden, die geeignet sind, den öffentlichen Belangen der städtischen oder ländlichen Gemeinden zu dienen. Während die Wohnhäuser die häufigsten Beispiele für Lehmarchitektur bieten, verdeutlichen die im gleichen Material erbauten Gotteshäuser, welche Raumgröße diese Gebäude einnehmen können. Aus Lehm hat man Kapellen, Kirchen, Klöster, aber auch Kathedralen wie die von Lima in Peru errichtet. In den Vereinigten Staaten verbreitete sich die Tradition dieser riesigen Kirchenschiffe aus Lehmerde im 18. Jahrhundert durch die Mission des San Xavier del Bac in Tucson (Arizona) und reicht mit der Kirche Christo Rey in Santa Fé, der größten Lehmziegelkirche des Landes, bis in unsere Tage. Die große Moschee von Mopti, die 1905 in Mali erbaut wurde, stellt zweifellos das größte und imposanteste Bauwerk dar, das in unserem Jahrhundert in Lehmarchitektur errichtet wurde. Dieses riesige und majestätische Gebäude wurde nur mit den Hilfsmitteln der traditionellen Technik ausgeführt: Es stellt in seiner Monumentalität eine Herausforderung an die modernen Technologien dar.

156 Barockkirche aus dem 18. Jahrhundert, Peru

157 Mausoleum in der Nähe des Dorfes Ghuraf im Gebiet des Wadi Hadramaut, Südjemen

158 Innenansicht der Kirche San Miguel, von den Spaniern in New Mexico, USA, erbaut

▷

159 Befestigungsmauer der Stadt Bam, Iran

160 Die San-Xavier-del-Bac-Kirche, um 1783 in der Nähe von Tucson, Arizona, USA, erbaut

159

160

161 Freitagsgebet vor der großen Moschee von Mopti, Mali, die 1935 wiederaufgebaut wurde

14 Die Behaglichkeit der Lehmbauten

Die aus Lehm erbauten Häuser strahlen oft eine einzigartige Harmonie aus. Dieser Eindruck hängt sowohl von der Einheitlichkeit des verwendeten Materials ab, als auch von der Raumqualität und dem architektonischen Rhythmus, der von den in dieser Bauweise traditionellen Regeln bestimmt wird.

So geht von diesen – bescheidenen oder prunkvollen – Innenräumen oft eine starke Spiritualität und belebende Sensualität aus. Durch die Fertigung von Mauern, Gewölben, Stützpfeilern, Bänken, Kaminen, manchmal sogar Wandregalen und ›Möbeln‹ aus dem gleichen Material verwandeln sich die Innenräume zu echten künstlerischen ›Environments‹, die mit dem Rhythmus des täglichen Lebens verbunden sind, zu lebenden Skulpturen, bewohnt von Menschen und ausgeschmückt durch ihren Schönheitssinn. Von anderer Art ist dieser schöpferische Genius in den aus Lehm erbauten Moscheen, deren Inneres einem Wald von massiven Säulen gleicht, der in dem von Gebeten erfüllten Raum aufragt und seine emotionelle Wirkung verstärkt.

Aber die warme Ausstrahlung der Lehmarchitekturen ist nicht nur geistiger, sondern auch ganz real thermischer Art. Im Sommer ist es dort kühl und im Winter angenehm warm. Die dicken Lehmmauern schützen vor den Extremen der Außentemperatur und ermöglichen eine natürliche Wärmeregulierung, die zu wünschenswerter Energieeinsparung führt. Eine Wiederbelebung der Lehmbautradition läßt uns zu der Weisheit und Logik der Natur zurückkehren.

162 Innenansicht der Moschee von Zaria, Nigeria, Das Foto entstand 1970, vor der ›Modernisierung‹, die die Moschee völlig entstellt hat

162

163 Ansicht des Innenhofes (von unten gesehen) eines Hauses in Tiflit, Imergham, Marokko

164 Innenansicht eines ländlichen Wohnhauses, das 1976 in dem Dorf Al Jubayriah, Nordjemen errichtet wurde

165 Innenansicht eines Hauses des Haussa-Stammes am Niger. Wände und Einrichtungsgegenstände sind mit reliefierten Ornamenten aus Lehm bedeckt

166 Wohnzimmer eines Hauses in Santa Fé, New Mexico, USA

▷

167 Innenansicht eines bescheidenen Bauernhauses in Younine in der Gegend von Bekace, Libanon

168 Empfangssalon im Haus einer vornehmen Familie in Thula, Nordjemen

167

168

170 Gebetsraum der Moschee von Ksar, Igoulmime bei Goulmima, Marokko

169 Innenansicht des Gebetsraumes einer ländlichen Moschee im Draa-Tal, Marokko

171

172

171 Empfangsraum (mafrejd) im Haus einer vornehmen Familie in der Stadt Bouraïda im Innern Saudi-Arabiens

172 Innenraum eines Klosters aus dem 18. Jahrhundert in Popayan, Kolumbien

173 Empfangsraum eines bürgerlichen Hauses im Südwesten von Saudi-Arabien

15 Degradierung, Rehabilitation und Perversion der Lehmarchitektur

Mehr als ein Drittel der Menschheit lebt – wie schon erwähnt – heute in Lehmhäusern. Global gesehen ist in den meisten Ländern der Dritten Welt diese Tradition noch lebendig, da die moderne westliche Technologie aufgrund ihrer finanziellen Kosten und arbeitsmarkttechnischen Implikationen keine glaubwürdige Alternative anbietet, in umfassender Weise das dringende Problem der Schaffung billiger Wohnungen zu lösen. In den in jüngster Zeit durch ihr Erdöl reich gewordenen Ländern (und manchmal auch in bestimmten Gebieten von anderen Ländern der Dritten Welt) ist die Tradition des Lehmbaus im Verschwinden begriffen (wie es in Europa in den 30er bis 50er Jahren dieses Jahrhunderts der Fall war) und macht der maßlosen Nachahmung importierter okzidentaler Architekturmuster und Technologien Platz, die – oft ihrer klimatischen Unangepaßtheit zum Trotz – bei den Einwohnern als Zeichen sozialen Aufstiegs beliebt sind.

Andererseits kommt es im Südwesten der Vereinigten Staaten bei bestimmten wohlhabenden Gesellschaftsschichten seit 1972 zu einer Reaktualisierung der Lehmarchitektur sowohl im Bereich des öffentlichen Bauwesens wie auf dem Wohnungssektor. Aus der Tatsache dieser kontrastierenden kulturellen Haltungen gegenüber der Lehmarchitektur resultieren gleichzeitig auftretende divergierende Phänomene: In bestimmten Zonen der Welt werden die traditionellen Verfahrensweisen und das überkommene Kulturgut aufgegeben oder gehen zugrunde, in anderen dagegen werden die Lehmarchitekturen nunmehr als bedeutende Zeugnisse einer universellen Genialität angesehen; sie werden klassifiziert, restauriert und unter Denkmalschutz gestellt. Die Universitäten und verschiedene regionale und internationale Institutionen versuchen eine lebendige, wirksame Verbindung zwischen den Traditionen und der Moderne herzustellen. Aber diese Vorliebe führt bisweilen auch zu kommerziellen Parodien, zu Bauwerken, die die Illusion vermitteln, aus Lehmerde errichtet zu sein, aber aus ganz anderen Materialien bestehen. Perversionen dieser Art sind sehr verderblich, da sie das Wesen und den Geist der Lehmarchitektur verfälschen.

174 Verlassenes, langsam zerfallendes Ksar im Ziz-Tal, Marokko

175 Das Ksar von Tamezmoute im Draa-Tal, Marokko. Im Hintergrund der ehemalige Palast des Feudalherrn; im Vordergrund die 1969 im Rahmen des Entwicklungsprogramms der Vereinten Nationen restaurierten und modernisierten Häuser

174

175

▷
178 Die alte Moschee aus Lehm in Bouna, Elfenbeinküste, verfällt, weil eine neue aus Zement gebaut wurde

179 Das Ksar von Tissergate im Draatal wurde 1969 auf Initiative und mit Hilfe eines Wiederaufbauprogrammes der Vereinten Nationen von den Bewohnern restauriert und modernisiert

176 Historische Überreste des ›Zikkurat‹ von Agar-Guf, des unter Kuzigalzu I. (1390-1379 v. Chr.) errichtet wurde. Mit der Restauration wurde 1942 begonnen

177 Überreste des sogenannten Bedi-Palastes, den König Ahmed el Mansur 1578 in Marrakesch, Marokko, erbaute

178

179

180

181

180 Eine Stupa (Pagode) aus dem 12. Jahrhundert in der Stadt Qotcho, Turfan, China, wurde kürzlich unter Denkmalschutz gestellt und restauriert

181 Der Tempel von Emach in Babylon, Irak, wurde originalgetreu rekonstruiert (siehe auch Abb. 3 auf S. 26)

182

183

182 Die Moschee der Kaserne der ›Tirailleurs sénégalais‹, 1930 in der Nähe von Fréjus, Frankreich, errichtet. Sie wurde nach dem Vorbild der Lehmmoscheen in Mali gebaut, besteht aber paradoxerweise aus Beton

183 Luxushotel, 1980 in Santa Fé, New Mexico, USA, erbaut. Beim Bau ließ man sich von den Formen der Siedlungsanlagen der Pueblo-Indianer und besonders vom Taos-Pueblo (Abb. 59, S. 59) anregen. Das Ganze ist aber nur eine Nachahmung historischer regionaler Bauformen und eine durch und durch kommerzielle Angelegenheit. Das Hotel wurde aus Eisenbeton gebaut; die geplante Integration in die Landschaft wurde dadurch völlig verfehlt

16 Die Modernität der Tradition der Lehmarchitektur

Am Ende unserer Betrachtung, bei der wir Zeugnisse der Lehmarchitektur aus rund dreißig Ländern sahen, wird deutlich, daß die mit ihr verbundenen Traditionen auch heute noch Aktualität besitzen. Diese erweisen ihre Brauchbarkeit bei der Lösung bestimmter aktueller Wohnungsprobleme und bei der Erstellung kleiner und mittelgroßer öffentlicher Gebäude. Es ist wenig sinnvoll, auf diesem Sektor künstliche Barrieren zwischen der Tradition und der Moderne aufzurichten, wie es bestimmte Gruppen seit einem halben Jahrhundert tun. Blinder Fortschrittsglaube und kulturelle Intoleranz haben hier viel zerstört, was durch Verbesserung bestehender Traditionen der Gegenwart hätte fruchtbar gemacht werden können – die weltweite Uniformität und Langeweile, die der sogenannte ›Internationale Stil‹ inzwischen angenommen hat, wäre uns erspart geblieben.

Andererseits dürfen die Traditionen des Lehmbaus nicht aus dem Blickwinkel einer Nostalgie-Mode betrachtet werden, auch auf diesem Gebiet kann man die Probleme von Heute nicht mit den Methoden von Gestern lösen, Rückkehr zur Vergangenheit ist keine Alternative zur Gegenwart. Kulturelle Traditionen dürfen keinem Erstarrungsprozeß unterliegen, sie müssen beständig neu überdacht, neu gedeutet und neu angepaßt werden, um eine lebendige Kontinuität zwischen der Geschichte und den Bedürfnissen unserer Zeit herzustellen. Dieser Versuch wurde von einigen Architekten unserer Zeit unternommen, die auf diese Weise moderne Wohn- und Komfortansprüche mit alten Bautraditionen verbanden. Im folgenden wollen wir die – häufig aus jüngster Zeit stammenden – Arbeiten dieser Pioniere vorstellen, um unseren Überblick zu vervollständigen und um aufzuzeigen, daß die Lehmarchitektur von jetzt an neue Bestimmungen zu erfüllen hat und auch erfüllen kann. Es scheint fast ein Paradoxon zu sein: Methoden, die vor rund zehntausend Jahren zur Errichtung der ersten Städte der Menschheit erfunden und durch die präindustriellen Gesellschaften bis in unsere Zeit überliefert wurden, gewähren uns neue Einsichten in das Wesen des Menschen und vermitteln der Zukunft fruchtbare Impulse.

184 Moderne Villa in traditionellem Baustil, die um 1930 in der Stadt Adrar in der Sahara, Algerien, erbaut wurde

185 Aquarellstudie des Architekten Hassan Fathy für eine Villa, die um 1960 in Ägypten erbaut wurde

184

185

186

187

186 und 187 Die ›traditionelle‹ Bauweise ist manchmal sehr ›modern‹ in Konzeption und Erscheinungsbild, wie rechts das städtische Wohnhaus in Agadès am Niger zeigt, das 1959 gebaut wurde. Der Entwurf des Architekten François Cointeraux von 1789 erinnert an die Formen einer vergangenen Epoche, stellt aber gleichzeitig den besten bekannten Versuch dar, die traditionelle Technik der Stampferde für ein modernes Bauwerk zu verwenden

188 Die große Moschee von Mopti, Mali, wurde 1935 rekonstruiert

▷
190 Häuser, um 1970 in Tamezmoute im Draa-Tal, Marokko, erbaut

189 Städtisches Wohnhaus im ›territorial style‹ aus dem 19. Jahrhundert, Santa Fé, New Mexico, USA. Das Gebäude ist aus Lehm, nur die selbsttragende Pergola an der Vorderfront ist aus Holz

190

Lehmarchitektur – heute und in Zukunft

Paradoxerweise ist der Versuch, Bausysteme aus Lehm zu modernisieren, zu rationalisieren und zu industrialisieren, kein neueres Phänomen. Es begann bereits vor zwei Jahrhunderten, Ende des 18. Jahrhunderts, als ein neues Zeitalter heraufzog und sich die Industriegesellschaft herausbildete. Perioden intensiver Forschungsarbeit folgten einander und deckten sich unmittelbar mit den großen wirtschaftlichen Krisen, die die zeitgenössische Geschichte unterbrachen.

Diese lange Reihe theoretischer Forschung und experimenteller Praxis begann in Frankreich kurz vor der großen Revolution. 1772 erschien Goiffons Werk ›L'Art du maçon piseur‹ (Die Kunst des Pisébau-Mauerns), das erste bekannte Buch zu diesem Thema. François Cointeraux (1740-1830) war jedoch der erste Architekt der Neuzeit, der theoretische Forschung und technologische Versuche im Bau ›moderner‹ Gebäude aus Lehm verwirklichte. Sein Berufsleben war voll und ganz der Modernisierung der Lehmbautechnik gewidmet, die nach seiner Ansicht eine der Lösungen für die zu seiner Zeit drückenden wirtschaftlichen und sozialen Krisen war. Er schlug die Anwendung moderner Konstruktionsweisen, inspiriert durch Überlieferung, vor, die für alle sozialen Stände und gleichermaßen für Wohn- und öffentliche Gebäude, für Fabriken in den Städten und Bauwerke auf dem Land, geeignet waren.

Noch vor seinem Tod wurden Cointeraux's Ideen im 19. Jahrhundert in einigen Ländern von seinen Anhängern aufgegriffen: Holland und Barber in England, Gilman und Johnson in den USA, Gilly, Sachs, Conradi, Engel und Wimpf in Deutschland. Gleichzeitig, anonym bzw. noch unerkannt, wurde seine Doktrin nach Skandinavien, Australien und Italien getragen, wo seine Schriften in die Landessprache übersetzt wurden.

Im 20. Jahrhundert tauchten Theoretiker und Praktiker der Lehmarchitektur in Zeiten auf, in denen die Industriegesellschaft schwere Wirtschaftskrisen durchlitt und sich großen Bauprogrammen gegenübersah, weil Häuser und Fabriken durch Krieg zerstört waren und man nach industriell produziertem Baumaterial suchte. So in Europa nach dem Ersten Weltkrieg, wo die Arbeiten von Clough Williams-Ellis und Karl und Inez Ellington die Grundlage für viele Konstruktionsschemata in zahlreichen Ländern wurden.

In den USA war es die Wirtschaftskrise von 1930, die eine Blütezeit umfangreicher technischer Laborforschungen und praktischer Experimente auf diesem Gebiete hervorbrachte. Diese Arbeiten hatten die Wiederentdeckung eines landeigenen luftgetrockneten Ziegelsteins, einige regionale Entwicklungspläne und die strategische Nutzung des Materials für Militärzwecke zur Folge.

Während des Zweiten Weltkriegs suchten sowohl die Alliierten als auch die Nazis ihre Energie- und Rohstoffquellen durch die Verwendung von Lehm bei der Konstruktion verschiedener Gebäude zu erweitern. So unterschiedliche und weltbekannte Architekten wie Le Corbusier in Frankreich, Albert Speer in Deutschland oder Frank Lloyd Wright in Amerika, bewirkten, aus verschiedenen Motiven und jeder auf seine Weise, die Wiederaufnahme der Lehmbauweise zwischen 1940 und 1945.

Nach dem Krieg, als ganze Städte und Dörfer zerstört waren, wurden zahlreiche Wiederaufbauprogramme in Lehmarchitektur ausgeführt: in England, Frankreich, Westdeutschland und vor allem auch in Ostdeutschland (wo diese Phase bis in die 60er Jahre hinein andauerte). Von Ostdeutschland aus wurde dieses Knowhow auch in andere sozialistische Länder mit großen wirtschaftlichen Schwierigkeiten, wie z. B. Nordkorea, weitergegeben.

Zwischen 1945 und 1960 verlangten die Europäischen Kolonien ihre Unabhängigkeit. Diese Verschiebung des Machtgleichgewichts in der Welt ging Hand in Hand mit der Suche nach kultureller Identität, einer Tatsache, die vor allem von dem ägyptischen Architekten Hassan Fathy nachdrücklich vertreten wurde, indem er sich gegen die Übernahme westlicher Modelle wandte und für die Wiederverwendung der historischen Lehmbauweise einsetzte. Seine ländliche Mustersiedlung ›New Gourna‹ wurde ein berühmtes Kultursymbol und Fathy der Guru jener jungen Architekten der Dritten Welt, die nicht länger die westlichen Archetypen übernehmen wollten.

Die Volksrepublik China, aufgrund politischer und wirtschaftlicher Tatsachen gezwungen, auf eigene Ressourcen zurückzugreifen, errichtete in den 50er und 60er Jahren zahlreiche Bauwerke aus Lehm: von massiven Dämmen bis zu Zentren für Landkommunen. Während der kritischen 50er Jahre – zahlreichen Kolonien wurde die Unabhängigkeit zurückgegeben – befürworteten die Vereinten Nationen und verschiedene andere nationale und internationale Organisationen für die ›Zusammenarbeit mit wirtschaftlich unterentwickelten Ländern‹ die Lehmbauweise. In den 50er und 60er Jahren wurden viele Konstruktionspläne für Bauten in der Stadt und auf dem Land erstellt, die Lehm als Baumaterial in Lateinamerika, Afrika und dem Mittleren Osten als Antwort auf die Wirtschaftskrise, die Landflucht und die Bevölkerungsexplosion verwendeten.

1973 erschütterte die Energiekrise sowohl den Westen als auch die meisten Länder der Dritten Welt. Mit diesem Zeitpunkt wurde die Energieeinsparung zum nahezu unumgänglichen Leitmotiv aller ölimportierenden Länder, die ihre ökonomische und politische Unabhängigkeit erhalten wollten. Der Westen wurde gleichzeitig von einer ernsten wirtschaftlichen Rezession heimgesucht, die Arbeitslosigkeit stieg an (die Zahl der Arbeitslosen in der EG und den USA wird für 1982 auf 20 Millionen geschätzt), eine ökologische Bewußtseinskrise setzte ein. Aus dieser internationalen Unsicherheit über die Ursprünge und die ökonomische Zukunft der Industriegesellschaft erklärt sich das in jüngster Zeit wiedererwachte Interesse an der Lehmarchitektur.

191 Gebäudekomplex der Wohnsiedlung ›La Luz‹, die der Architekt Antoine Predock 1974 in einem Vorort von Albuquerque, New Mexico, USA, errichtete (vergl. auch S. 182-185)

Die Arbeiten der ersten europäischen Pioniere der Lehmbauweise stammen aus dem Jahr 1789

192 Das neue Dorf Milton Abbas, das 1773 in Devonshire, England, auf Initiative des Grafen von Dorchester entstand, der für den Entwurf und die Gestaltung die bekannten englischen Architekten William Chambers und Capability Brown heranzog

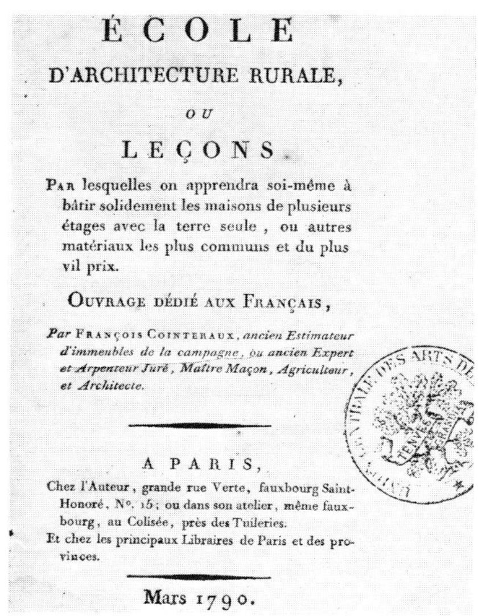

ÉCOLE

D'ARCHITECTURE RURALE,

ou

LEÇONS.

PAR lesquelles on apprendra soi-même à bâtir solidement les maisons de plusieurs étages avec la terre seule, ou autres matériaux les plus communs et du plus vil prix.

OUVRAGE DÉDIÉ AUX FRANÇAIS,

Par FRANÇOIS COINTERAUX, *ancien Estimateur d'immeubles de la campagne, ou ancien Expert et Arpenteur Juré, Maître Maçon, Agriculteur, et Architecte.*

A PARIS,

Chez l'Auteur, grande rue Verte, fauxbourg Saint-Honoré, N°. 15; ou dans son atelier, même fauxbourg, au Colisée, près des Tuileries.

Et chez les principaux Libraires de Paris et des provinces.

Mars 1790.

193 Erste Seite einer Arbeit, die der Architekt François Cointeraux 1790 in Paris veröffentlichte. Sie hatte den Untertitel: »Anleitungen, wie man selbst solide Häuser mit mehreren Etagen nur aus Lehm bauen kann«

194 Sechsstöckiges Wohnhaus aus dem 19. Jahrhundert, in Weilburg, Deutschland, erbaut von dem Architekten Wimpf, der sich von den Entwürfen von François Cointeraux anregen ließ. Das Haus ist noch heute in tadellosem Zustand

195 Der deutsche Architekt Wimpf erbaute im 19. Jahrhundert in Weilburg eine große Fabrik aus Stampferde, wobei er sich von den Studien anregen ließ, die François Cointeraux zwischen 1789 und 1815 in Paris veröffentlicht hatte, besonders von seiner 1790 veröffentlichten Bauanleitung (vgl. Abb. 193)

196 Wohnhäuser, die den verschiedenen Gesellschaftsschichten nach der Französischen Revolution von 1789 angepaßt waren. Dieser Entwurf war die am häufigsten verwendete Vorlage für die Lehmarchitektur von François Cointeraux. Der begleitende Text betont, daß das Modell den speziellen Bedürfnissen der Arbeiterklasse angepaßt werden könne: »Haus aus Lehm oder Stampferde mit Dekor« und »das gleiche Haus aus Lehm (ohne Dekor!) wie es durch die Hand des Arbeiters entsteht«

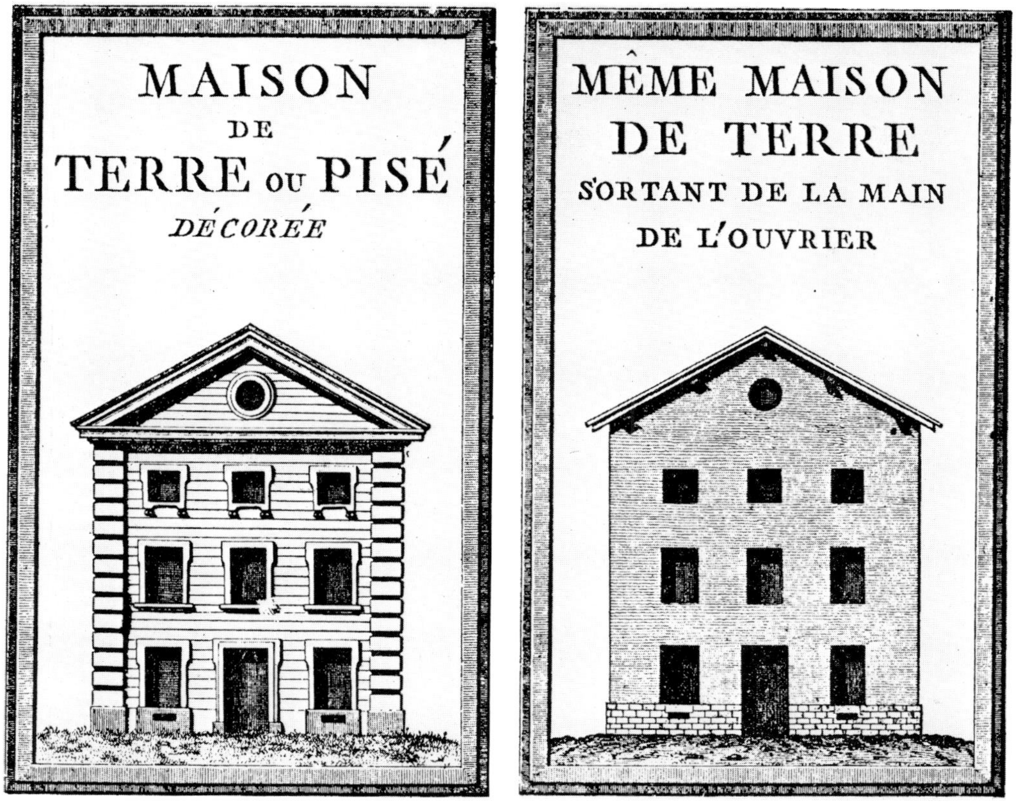

197 Plan und Grundriß für eine Manufaktur aus Stampferde, 1790 von François Cointeraux entworfen

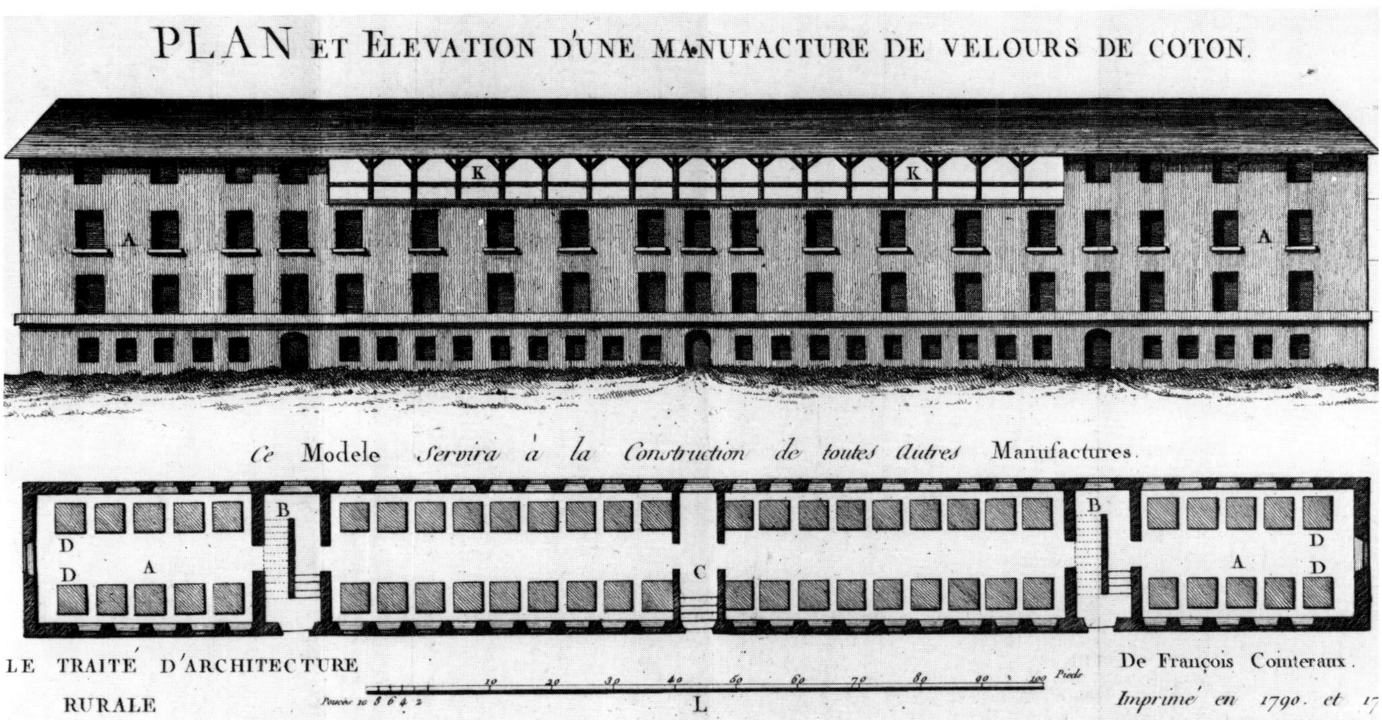

Erste Vorort-Villen und Landhäuser in Europa und den Vereinigten Staaten

198 Landhaus (cottage), um 1920 von dem Architekten Ernest Gimson in Budleigh Salterton, Devonshire, Großbritannien, erbaut

199 Reichspräsident Ebert besichtigt das erste Lehmhaus der unter Leitung von W. Vauth stehenden Lehr- und Versuchsstelle für Naturbauwesen in Sorau, Niederlausitz, Mark Brandenburg

200 Wohnhaus aus dem 19. Jahrhundert im Südwesten der Vereinigten Staaten

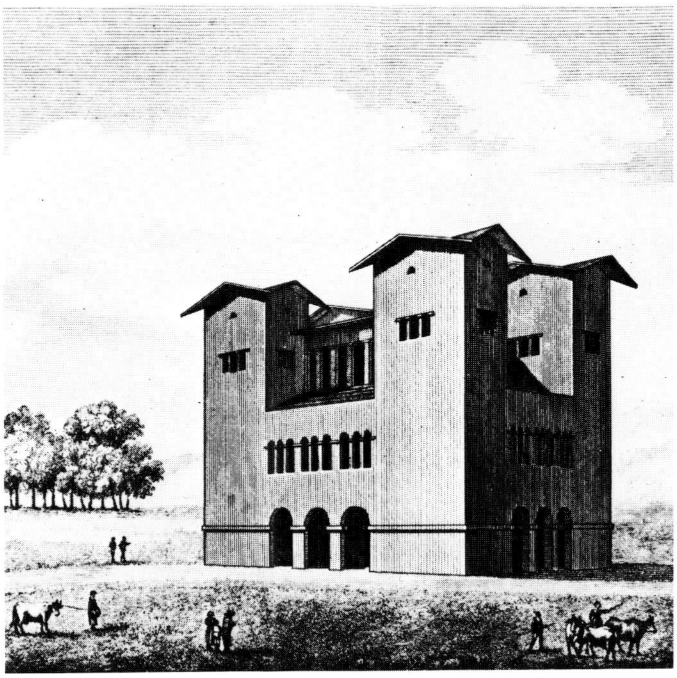

201 Entwurf für ein Landhaus von Claude Nicolas Ledoux, entstanden im 18. Jahrhundert

202 Wohnhaus, um 1885 in der Nähe von Zürich erbaut

203 ›Castle Huning‹, viktorianische Villa, um 1883 in Albuquerque, New Mexico, USA, erbaut

204 Villa, um 1910 in Norwegen erbaut

Die moderne Lehmarchitektur nach Le Corbusier, Frank Lloyd Wright und Schindler

205 Entwurf für eine Villa in El Paso, Texas, USA, 1942 von Frank Lloyd Wright (1869-1959). Er arbeitete damals mehrere Entwürfe für Häuser aus luftgetrockneten Lehmziegeln aus

206 Entwurf für ein Landhaus in Taos, New Mexico, USA, den der österreichische Architekt Rudolf Schindler (1887-1953) 1915 anläßlich eines Aufenthaltes in New Mexico anfertigte. Er war vom Formenreichtum der historischen Architektur im Südwesten der Vereinigten Staaten sehr beeindruckt

LE CORBUSIER

LES MAISONS "MURONDINS"
PETIT CADEAU A MES AMIS, LES JEUNES DE FRANCE

207 Skizzen aus der Entwurfsserie von Le Corbusier, die 1940 entstand, und 1941 unter dem Titel ›Les Murondins‹ veröffentlicht wurde. Corbusier widmete sie seinen »Freunden, den jungen Menschen Frankreichs«. Dokumentation: Fondation Le Corbusier

208

Wiederentdeckung alter Technologien in der Dritten Welt und in den Vereinigten Staaten

209

208 und 209 Experimentelle Wohnanlage, 1968 in der Stadt Quarzazate, Marokko, auf Initiative des französischen Ingenieurs Alain Masson und des belgischen Architekten Jean Hensens errichtet

210 Experimentelle ländliche Wohnsiedlung, 1972 in Zeralda, Algerien, von einer franco-belgischen Architekten- und Ingenieur-Gruppe erbaut, zu der Hugo Houben, Paul Pedrotti und Dirk Belmans gehörten

210

▷

211 und 212 Im Iran versucht der Architekt Nader Khalili seit 1980 die traditionelle Lehmbauweise wieder einzuführen, die unter dem Regime des Schah zugunsten massiverer westlicher Bauweisen aufgegeben wurde. Zu Versuchszwecken hat Khalili eine Anzahl von Baustellen für Restaurierungen und Neubauten errichtet. Er verglast die inneren Wände mit Hilfe von großen Feuern im Innern der Gebäude und bedient sich der vier Elemente der Schöpfung: Erde, Wasser, Luft und Feuer. Das gibt seinen Bauten etwas beinahe ›Mystisches‹, deren ›Reinheit‹ die Führer der islamischen Revolution schätzen

213 1957 ließ der kolumbianische Ingenieur Paul Ramirez die manuelle Presse ›CINVA-RAM‹ patentieren und setzte sie beim Bau eines sozialen Wohnungsprojektes der CINVA ein. Mit Hilfe dieser einfachen Maschine konnte man schneller arbeiten und eine bessere Qualität von Lehmziegeln herstellen, die der der traditionellen, von Hand gemengten Ziegel überlegen ist

214 Serienmäßige Herstellung von Lehmziegeln in einer kleinen Produktionsgruppe in New Mexico, USA, 1981

211

212

213

214

Moschee, 1981 von einem ägyptischen Architekten in den Vereinigten Staaten erbaut

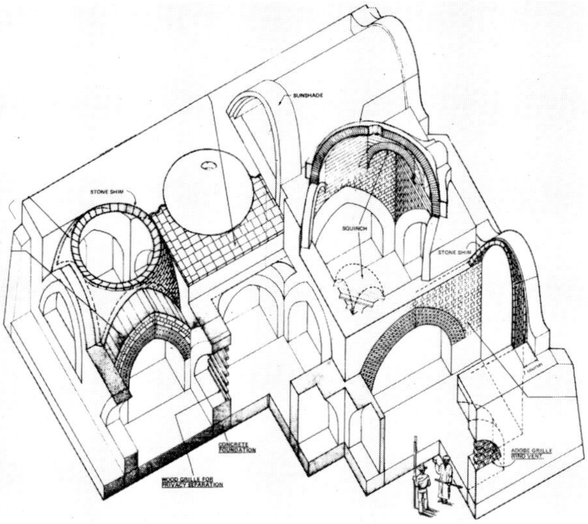

215 Axonometrische Entwurfszeichnung für die 1981 von dem ägyptischen Architekten Hassan Fathy in Abiquiu, New Mexico, USA, errichtete Moschee. Die Zeichnung stellt die amerikanische Zeitschrift ›Adobe Today‹ zur Verfügung (vgl. auch S. 161)

216

216, 217 und 218 Die 1981 von dem ägyptischen Architekten Hassan Fathy in Abiquiu, New Mexico, USA, errichtete Moschee im Bau. Während der Bauzeit fanden Lehrgänge für amerikanische Architekten statt, in denen sie mit traditionellen Bautechniken bekanntgemacht wurden, wie sie in Ägypten seit einiger Zeit in modernisierter Form wieder angewendet werden. Mit ihrer Hilfe kann man Kuppeln (vgl. auch S. 65) und sogenannte ›nubische Gewölbe‹ (vgl. auch S. 64) aus ungebranntem Lehm ohne Verschalung bauen. Diese Demonstration hat in den Vereinigten Staaten eine beachtliche psychologische Wirkung gehabt, denn für die Amerikaner ist der Gedanke, daß sie von der »technischen und kulturellen Hilfe« eines Landes der Dritten Welt profitieren könnten, unvorstellbar

217

218

Das medizinische Zentrum von Mopti, Mali

219 und 220 Das medizinische Zentrum, das 1976 in Mopti, Mali, auf dem Gelände zwischen der 1935 rekonstruierten großen Moschee und dem Niger erbaut wurde. Der französische Architekt André Raverau und der belgische Architekt Philippe Lauwers leiteten den Bau im Auftrag des Ministeriums für Raumplanung von Mali; er wurde mit Unterstützung des Europäischen Entwicklungsfonds, einer Einrichtung der EG, verwirklicht. Diese internationale Institution versucht seit einiger Zeit, und besonders seit ihr Berater in Architekturfragen, Marc Wolf, neue Impulse gesetzt hat, in den Ländern der Dritten Welt Technologien zu fördern, die den kulturellen, technischen und sozialen Erfordernissen des jeweiligen Gebietes angepaßt sind. Das großartige Projekt von Mopti hat diese schwierigen Probleme vorbildlich gelöst, und den Initiatoren wurde 1980 einer der 10 Preise des ›Aga Khan Award‹ verliehen. Aga Khan hatte diesen Preis gestiftet, um in den Ländern des Islam die Architektur und die Synthese zwischen Tradition und Moderne zu fördern

221

Zwei afrikanische Krankenhäuser

221 Modell des Krankenhauses von Kaedi, dessen Bau 1982 in Mauretanien mit Unterstützung des Europäischen Entwicklungsfonds unter der Leitung des jugoslawischen Architekten Dušan Stanimirovic von der französischen ›Ciet-Inter-G‹-Gruppe beginnen soll

222

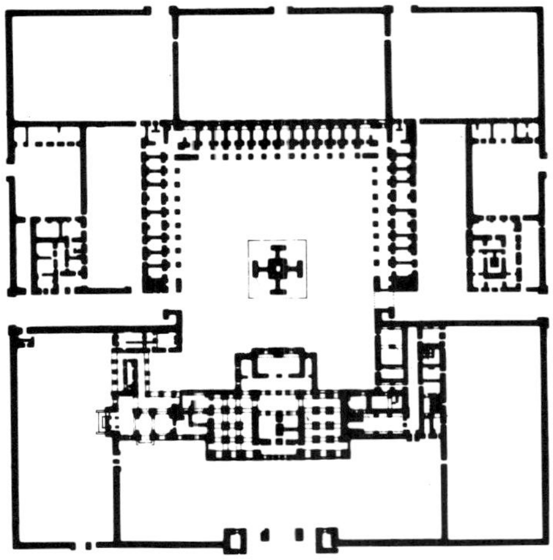

Grundriß der Krankenhausanlage mit dem kreuzförmigen Grundriß des Wasserturms

222 bis 226 Krankenhaus im Gebiet von Adrar in der algerischen Sahara, das 1942 von dem französischen Architekten Michel Luyckx, einem Schüler von Auguste Perret, erbaut wurde. Dieses Gebäude ist die erste gelungene Synthese zwischen modernisierten traditionellen Technologien und einer modernen Formensprache ohne folkloristische Elemente im 20. Jahrhundert. Darüber hinaus hat das Gebäude in den 40 Jahren seiner Benutzung alle technischen und klimatischen Anforderungen optimal erfüllt. Das ist der zukunftsweisenden Konzeption von Michel Luyckx zu verdanken

223

Abbildungen vom Bau des Krankenhauses (223 und 225); der Wasserturm ist mit luftgetrockneten Lehmziegeln verkleidet, um das Wasser kühl zu halten (226), Fassade der Krankenhauskapelle (222), Modell des gesamten Krankenhauskomplexes (224)

224

225

226

Drei Hotels in Afrika und in den Vereinigten Staaten

227

227 und 230 Hotelsuite im Hotel ›Sagesbrush Inn‹, 1930 in Ranchos de Taos, New Mexico, USA, erbaut.

228

228 Hotel ›Salt Lick Game Lodge‹ im Tsavo Nationalpark von Kenya, 150 km von Mombasa entfernt

229 ›Hôtel de l'oasis rouge‹, um 1930 im Zentrum der neuen Stadt Timimoun erbaut

229

230

Senegal: Ein Ausbildungszentrum

Mauretanien: Ein Bauplatz für Ausbildungszwecke

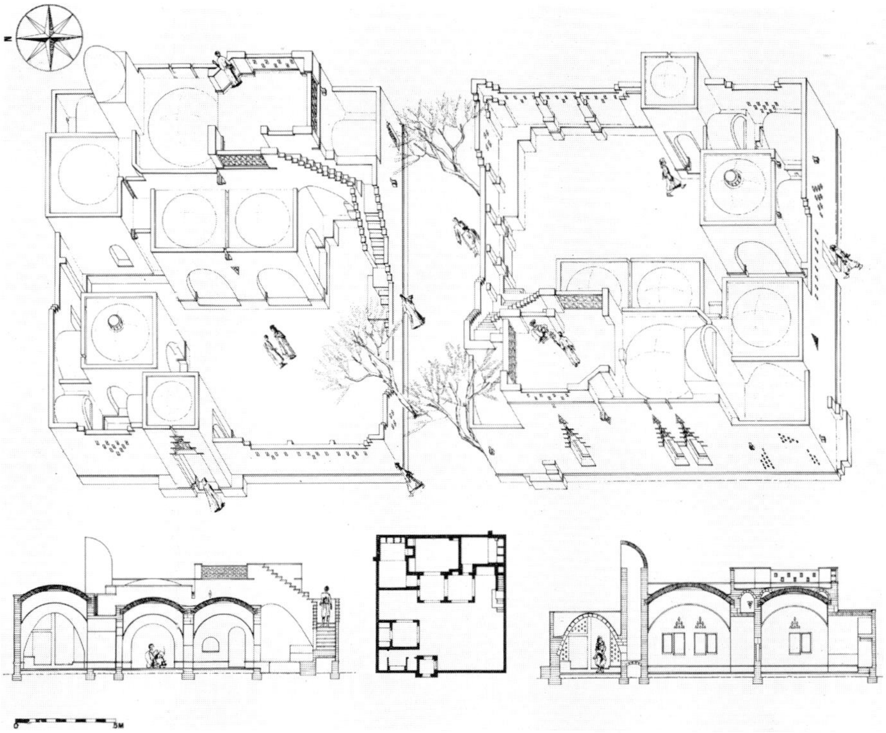

231

232

231 Axonometrische Zeichnung, Grundriß und Querschnitt einer städtischen Modell-Wohnanlage, die 1979 in Rosso, Mauretanien, unter der Leitung des französischen Architekten Serge Theunynck, Mitglied der internationalen Architektenvereinigung ADAUA (Atelier pour le Développement d'une Architecture et d'un Urbanisme Africains), errichtet wurde. Der Bauplatz für die Wohnanlage diente als Pilot-Projekt zur Ausbildung und Schulung einheimischer Bauarbeiter. Sie sollten dort mit den speziellen Techniken für den Bau von Wänden, Gewölben und Kuppeln aus luftgetrockneten Lehmziegeln bekannt gemacht werden. Durch die Verbreitung dieser fachlichen Qualifikationen innerhalb des städtischen Gemeinwesens sollte der Bau von weiteren städtischen Wohnsiedlungen in Eigenverantwortung angeregt werden. Zeichnungen kopiert von Dominique Pidance und Alain Le Balh, 1981

232 bis 234 Ansicht verschiedener Gebäude des landwirtschaftlichen Ausbildungszentrums, das das Unterrichtsministerium von Senegal in Nianing, Senegal, 1977 mit Hilfe der UNESCO von dem belgischen Architekten Oswald Dellicour errichten ließ. Die Rohstoffe für den Bau wurden an Ort und Stelle gewonnen. Auch dieses Projekt wurde 1980 (vgl. S. 158/159) mit einem Preis des ›Aga Khan Award‹ ausgezeichnet, mit dem die Anpassung der Architektur an die jeweiligen landschaftlichen Gegebenheiten gefördert werden soll

233

234

Drei kulturelle Institutionen in Mali und in den Vereinigten Staaten

235

235-237 Skizze. Ansicht des im Bau befindlichen Projekts und Ansicht des fertiggestellten Museums der schönen Künste, einer Dependance des Museum of New Mexico, das 1917 im Zentrum von Santa Fé, New Mexico, USA, von den amerikanischen Architekten Rapp & Rapp errichtet wurde. Bei dem Entwurf ließen sich die Architekten von dem alten Kloster und der historischen Kirche inspirieren. Später hat die Architektur des Museums befruchtend auf die Entwicklung des ›Santa Fé revival style‹ gewirkt, der uns mit seinem nostalgischen Formalismus heute wie eine Parodie auf ästhetische Formgebung erscheint. Paradoxerweise ist dieses Gebäude, das prädestiniert ist, die Lehmarchitektur wiederaufzuwerten, aus gebrannten Ziegeln erbaut, die mit einer Betonschicht verkleidet sind!

236

237

▷

238 Nationalmuseum von Mali in Bamako, das 1981 seiner Bestimmung übergeben wurde. Es wurde von dem französischen Architekten Jean-Claude Pivin unter der Mitwirkung von Pierre Gaudibert als Berater für museumstechnische Fragen erbaut

239 Nebengebäude des Museums der schönen Künste, Santa Fé, New Mexico, USA, in dem die Bibliothek mit vielen wertvollen alten Bänden untergebracht ist

238

239

Vier Forschungszentren in Afrika und Europa

240

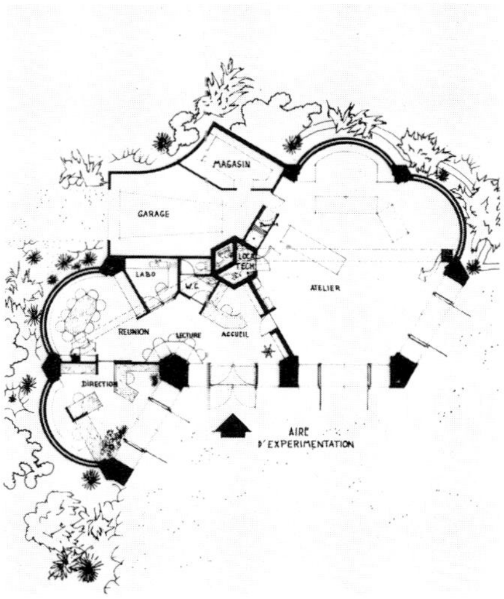

241–242

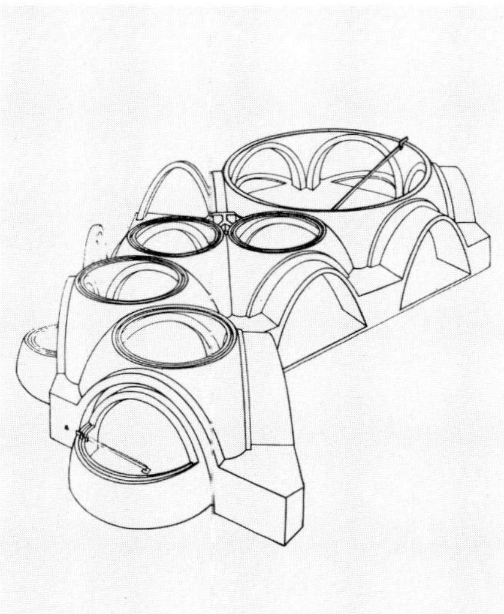

243–244

240 Detailansicht der Fassade des regionalen Handwerkszentrums, das 1979 von dem französischen Architekten Jean-Paul Ichter in Er Rachidia, Marokko, errichtet wurde. Dieses Gebäude kombiniert geschickt die verschiedensten Bautechniken: die Grundmauern sind aus Stein, die tragenden Mauern aus Stampferde, die verbindenden Mauern aus luftgetrockneten Lehmziegeln. Diese sind mit traditionellen Ornamenten in durchbrochenen Motiven geschmückt; die Platten der Dachkonstruktion, deren Träger über die Fassade hinausragen, sind aus Eisenbeton

241 bis 244 Entwurfswettbewerb, der 1981 für die Erbauung der Architekturschule von Marseille-Luminy, Frankreich, ausgeschrieben wurde. Dieses Projekt sollte der technologischen Forschung dienen und aus luftgetrockneten Lehmziegeln erbaut werden. Die Entwürfe stammen von den französischen Architekten Serge Theunynck (vgl. S. 168), Nicolas Widmer, Paul Wagner, Luc Gauthier und von dem Wärmefachmann Daniel Favre

▷

245 Entwurf für das archäologische Forschungszentrum der Amerikaner in Karnak, Ägypten, der 1976 von den kalifornischen Architekten Joseph Esherik, George Homsey, Peter Dodge und Charles Davis geschaffen wurde. Der Entwurf wurde 1977 mit dem Preis der amerikanischen Architekturzeitschrift ›Progressive Architecture‹ ausgezeichnet, der jedes Jahr verliehen wird. Axonometrische Zeichnung der Architekten

246 Teilansicht des französischen Forschungszentrums in Karnak, Ägypten. Der Entwurf stammt im wesentlichen von dem französischen Architekten Jacques Vérité

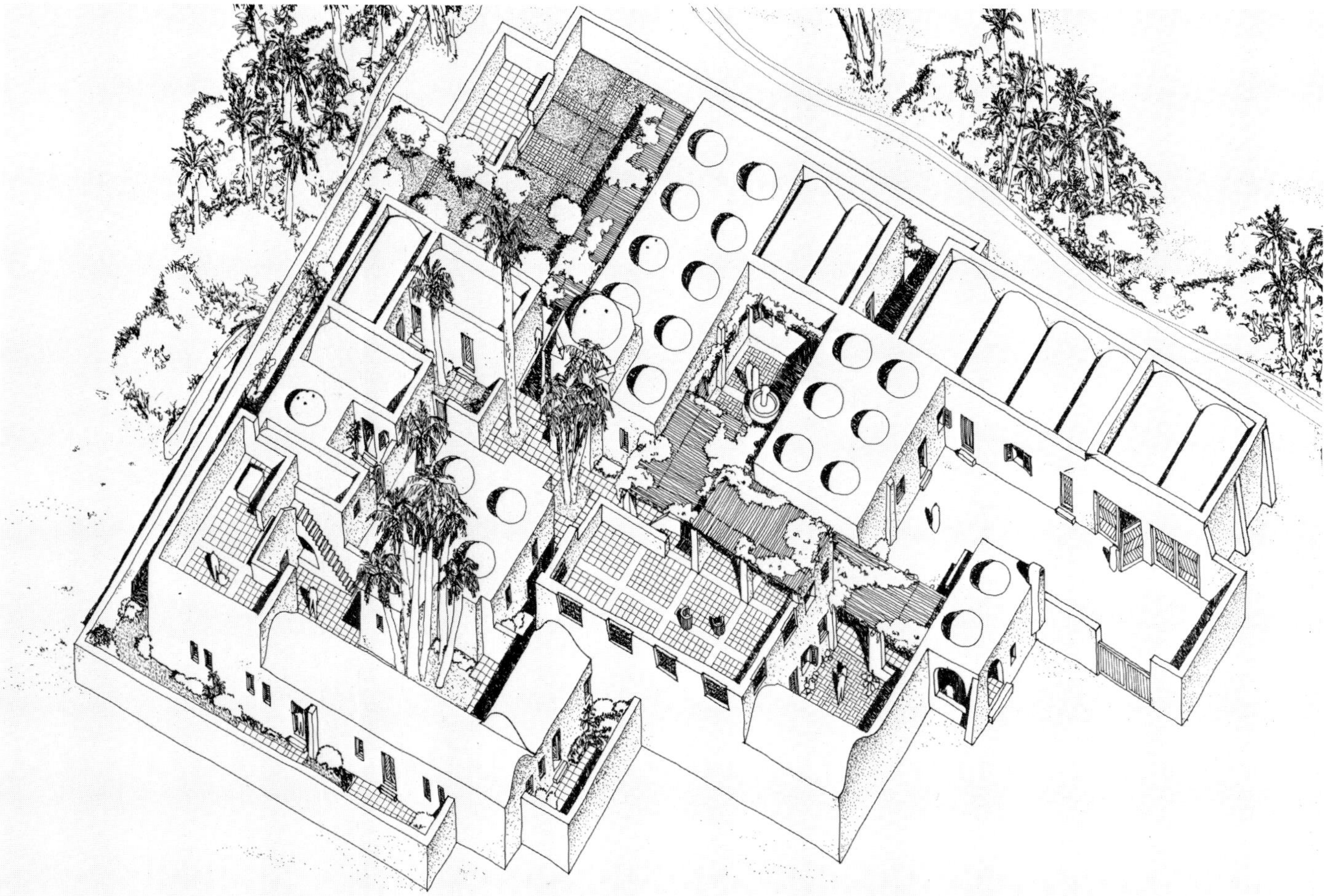

245

246

Zwei Kapellen, eine Kirche und ein Kloster in den Vereinigten Staaten

247 und 251 Innen- und Außenansicht der Kirche ›Christo Rey‹, die 1940 von dem amerikanischen Architekten John Gaw Meem in Santa Fé, New Mexico, USA, geschaffen wurde. Diese Kirche ist das größte moderne öffentliche Gebäude aus Lehm in den Vereinigten Staaten. Zum Bau waren 180 000 luftgetrocknete Ziegel erforderlich, die an Ort und Stelle hergestellt wurden

248 Kapelle auf dem Campus der Universität von New Mexico in Albuquerque, USA, erbaut um 1930

▷

250 Dieses Kloster wurde um 1976 nach den Plänen von George Yakashima im Staat New Mexico, USA, errichtet. Es ist ein Beispiel moderner Monumentalarchitektur aus Lehm, bei dessen Gestaltung man jedoch nicht die traditionellen regionalen Formen übernahm, sondern sich um zeitgenössische Formgebung bemühte

249

249 Um 1979 erbaute Kapelle im Nambe Pueblo im Staat New Mexico, USA

250

251

Gourna, ein neues Dorf in Ägypten

252 Der ägyptische Architekt Hassan Fathy mit Katze in seinem Kairoer Heim

253 Plan des Dorfes Gourna, das Hassan Fathy in Ägypten erbaut hat; Baubeginn 1946. Die weißen Formen stellen die diversen Häusergruppierungen dar (vgl. Abb. 255). Die schwarzen Flecken im Mittelpunkt des Dorfes sind für die öffentlichen Bauten ausgespart

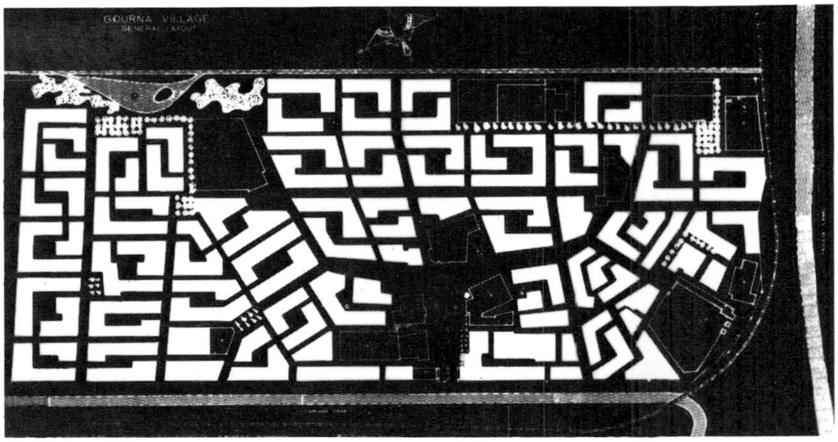

254 Außenansicht eines Hauses der Siedlung New Gourna (vgl. Abb. 253), die Hassan Fathy in Ägypten erbaute

▷

255 Grundriß und Skizzen der Vorderfront verschiedener Wohnsiedlungen, die Hassan Fathy 1950 für das Dorf New Gourna anfertigte

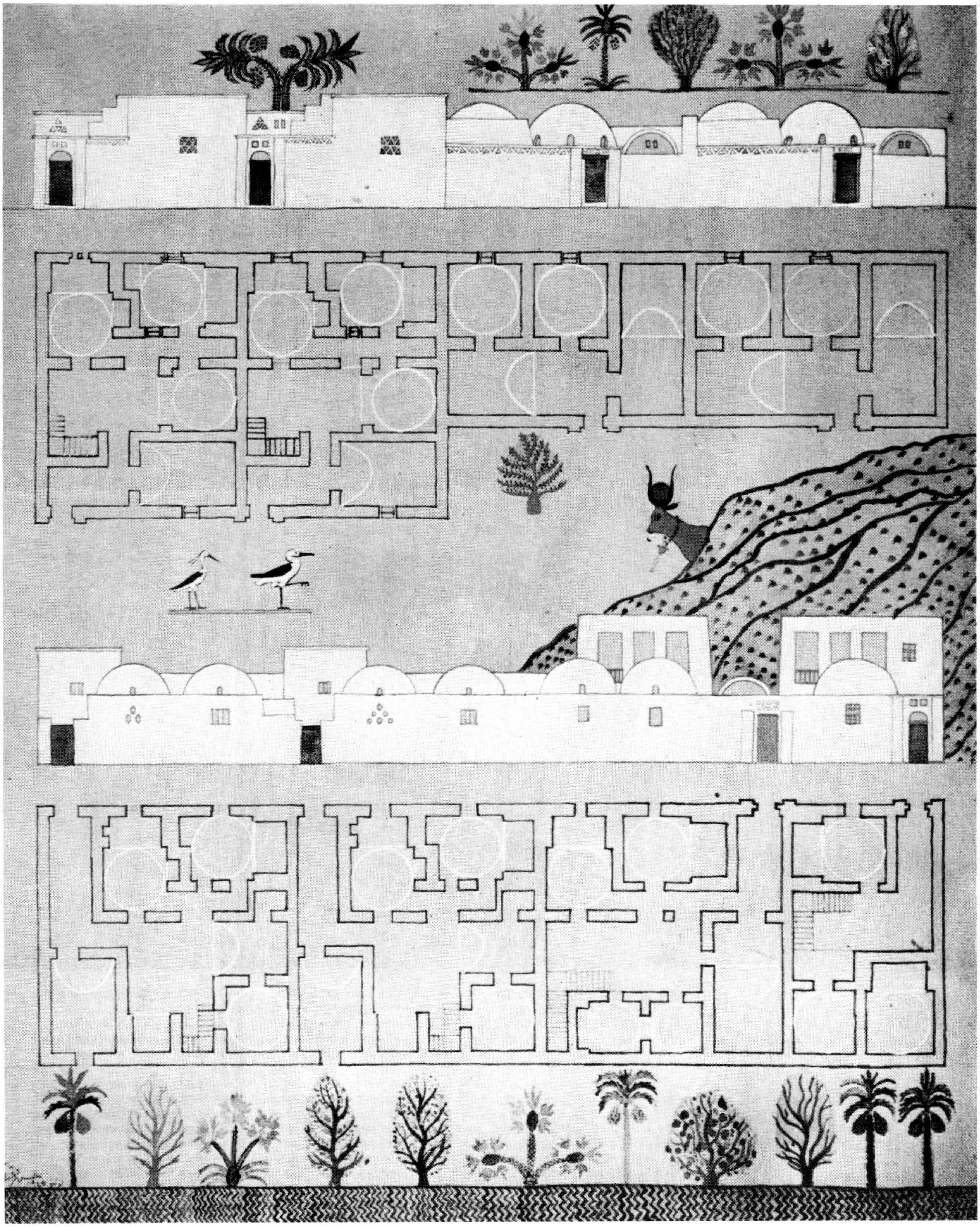

Architekten und Häuser von Architekten

256

▷

259 und 260 Der ägyptische Architekt Hassan Fathy (oben) und der nubische Bauführer Aladin Mustapha (darunter)

261 Modell eines anthropomorphen Hauses in Terrassenform, das 1975 von dem französischen Architekten Guy Rottier errichtet werden sollte

262 und 263 Der französische Architekt Roger Katan und die kolumbianische Architektin Margareta Pacheco

264 Innenansicht eines Hauses, das der französische Architekt Roger Katan und die kolumbianische Architektin Margareta Pacheco 1977 in Sélingué, Mali, erbauten. Die Lehmbauweise, wie sie hier abgebildet ist, wird noch immer zu Unrecht als ›ärmlich‹ und ›primitiv‹ abgetan. Diejenigen, die sie propagieren, kommen in den Verdacht, Gegner der Wohltaten des »modernen Fortschritts« und der Segnungen der Technik zu sein. Um das Gegenteil zu beweisen, haben die Architekten ihr eigenes Haus aus Lehm gebaut

257

256, 257 und 258 Innen- und Außenansichten einer Villa in der Nähe von Luxor, Ägypten, die der französische Architekt Olivier Sednaoui in Zusammenarbeit mit David Sims 1980 erbaute. Diese geräumige Villa ist eines der ersten Beispiele einheimischer, bürgerlicher Architektur, das ein Architekt in der Dritten Welt schuf

258

259

260

261

262

263

264

Gebäude einer landwirtschaftlichen Genossenschaft von Hassan Fathy in Ägypten

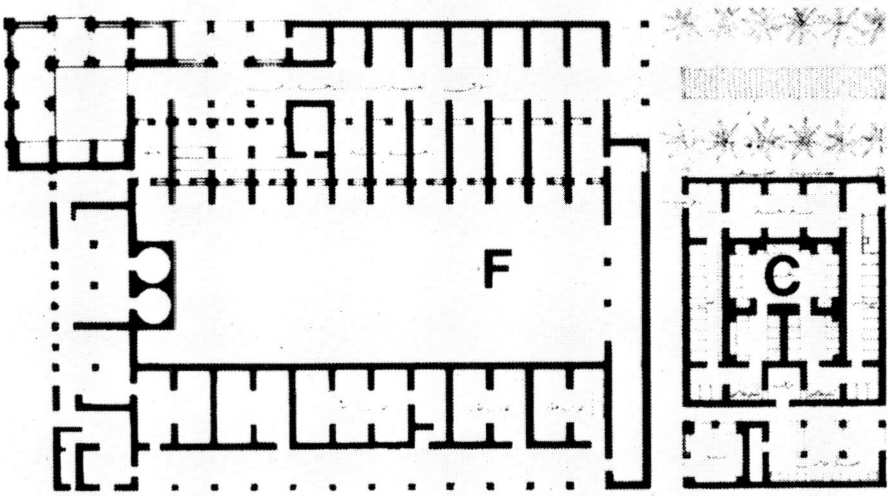

265

265 bis 269 Gebäude einer landwirtschaftlichen Genossenschaft, erbaut in Baris in der Oase Kharga in Ägypten von dem Architekten Hassan Fathy. Moderne Anwendung des ›nubischen Gewölbes‹ (vgl. Abb. 65-68, S. 64) in Reihung und eine querverlaufende Ventilation, um eine effektive und sichere Klimatisierung zu erreichen

266

Unten: Lageplan der Gebäude in Baris und zwei Querschnitte, die das Prinzip der natürlichen Ventilation sichtbar machen

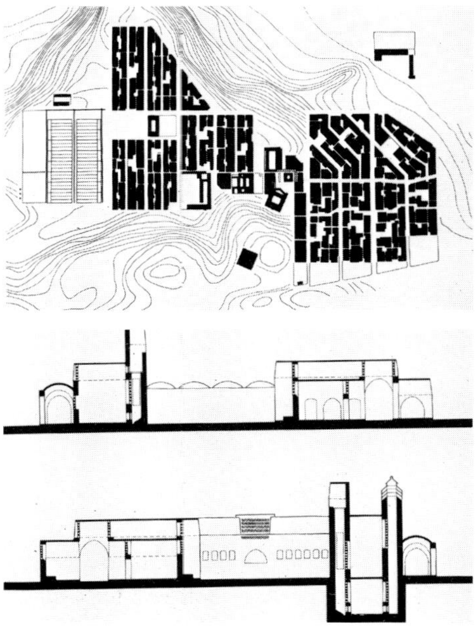

267

268

269

La Luz: Eine städtische Siedlung in Albuquerque, USA

270

270 bis 278 Die Begeisterung für die Lehmarchitektur läßt in den Vereinigten Staaten nicht nur einzelne Wohnhäuser, sondern ganze städtische Wohnsiedlungen entstehen:

271

Der amerikanische Architekt Antoine Predock (271) hat 1975 in einem Vorort von Albuquerque, New Mexico, USA, die Luxus-Wohnsiedlung ›La Luz‹ mit 100 Wohneinheiten (272, 273 und 274) erbaut. ›La Luz‹ beweist, daß Lehm ein interessantes Baumaterial ist, das man auch für große moderne Wohnanlagen verwenden kann. Außerdem ist diese Siedlung ein Beweis dafür, daß die Lehmarchitektur sich sowohl für Bauten im traditionellen Stil vergangener Epochen wie für die modernsten Gebäude eignet. Dieses Projekt wird als wichtiges Zeugnis zeitgenössischer amerikanischer Kultur betrachtet und ist im ›National Register of Historic Places‹ verzeichnet. Die Mauern bestehen aus luftgetrockneten Ziegeln und werden oben durch Eisenbetonbalken eingespannt, die gleichzeitig als Teil der Dachkonstruktion dienen

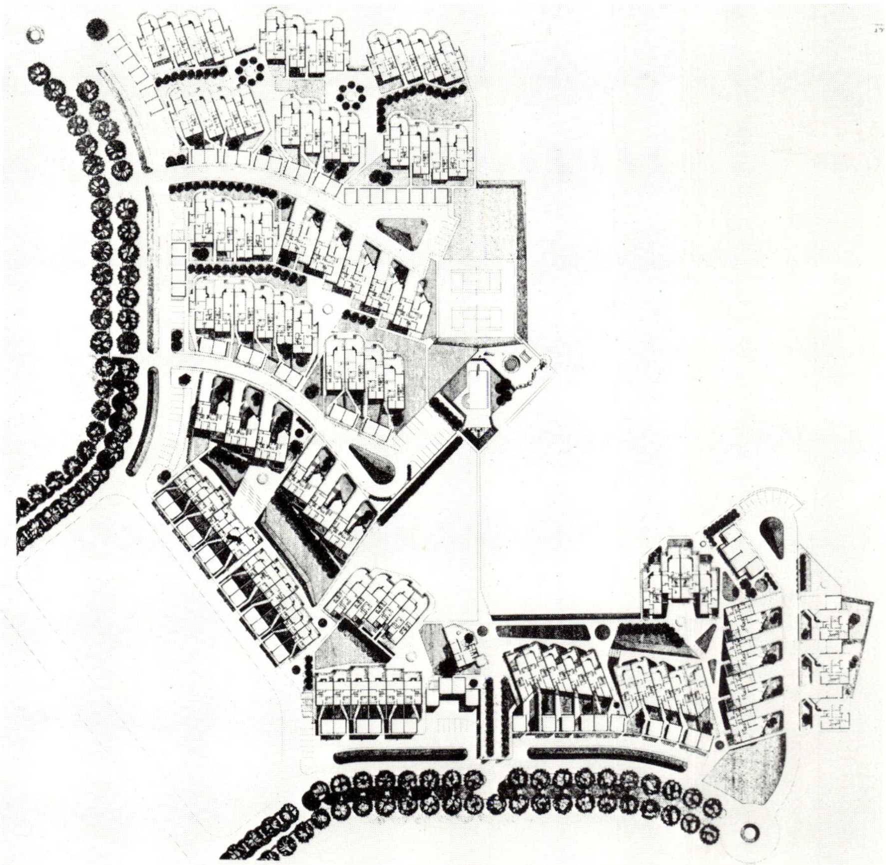

272

273

274

275

276

277

278

Mit Sonnenenergie geheizte Lehmhäuser in den Vereinigten Staaten

279

279 und 283 Ansichten eines Lehmhauses (Harisson residence), das die Sonnenenergie nutzt. Es wurde 1979 von dem amerikanischen Architekten Adrien Dewint in Santa Fé, New Mexico, USA, gebaut

280 Dieses Haus wurde halb in den Boden versenkt, um die Sonnenenergie besser aufnehmen zu können. Es wurde 1980 von den Architekten Georgine und John McGowan erbaut

281 und 282 Haus (Karen Terry House) aus luftgetrockneten Ziegeln. Zur besseren Verwertung der Sonnenenergie wurde es in Terrassenform gebaut. Das Haus entstand 1975 in Santa Fé, New Mexico, USA; der Entwurf stammt von dem Architekten David Wright

284 und 285 Außen- und Innenansicht des Hauses (Balcomb residence), das der Architekt William Lumpkins 1978 in Santa Fé, New Mexico, USA, baute. Er war einer der ersten Architekten in den Vereinigten Staaten, die schon vor der Energiekrise versuchten, die regionale Tradition der Lehmbauweise neu zu beleben und zu modernisieren

280

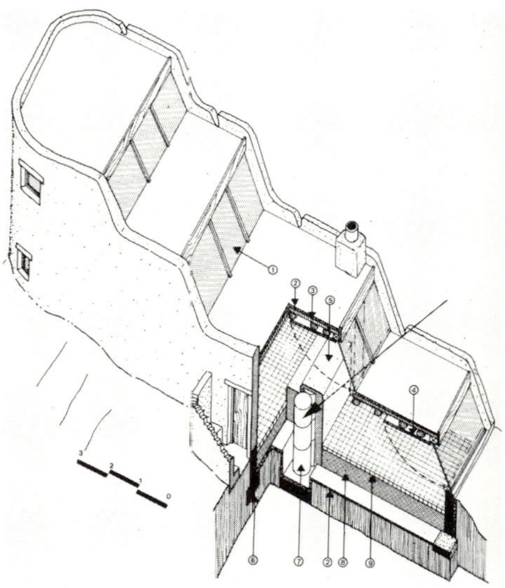

281

282

283

284

285

Neue landwirtschaftliche Siedlungen in China und Algerien

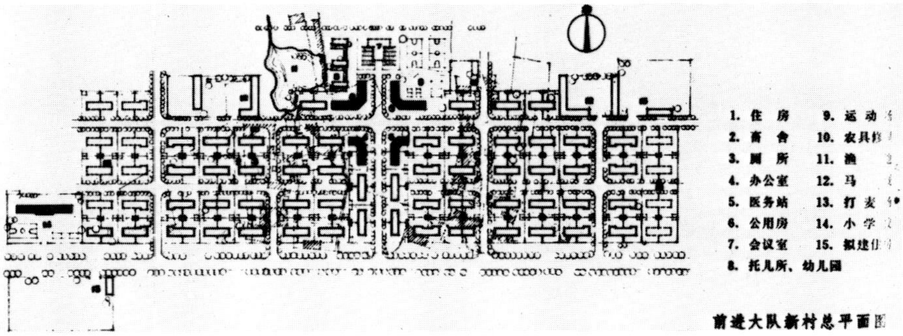

286 Grundriß einer neuen landwirtschaftlichen Siedlung, die 1960 im Rahmen regionaler Entwicklungsprogramme in China entstand; sie wurden unter dem Motto »wir können uns nur auf unsere eigene Kraft verlassen« durchgeführt

287

287 bis 290 Neue landwirtschaftliche Siedlung in Maadher bei de M'Sila, Algerien, die von den Brüdern El Miniawy entworfen wurde. Das Baumaterial besteht aus Kunststeinen mit Lehmbeimischung

288

siehe Seite 190/191

Villen und Kommunikations-zentrum in den Vereinigten Staaten

289

290

291

292

291 und 292 Innen- und Außenansichten der Luxusvilla, die der Architekt William Lumpkins 1980 in der Nähe von Taos im Staat New Mexico, USA, erbaute

293

294

293 Innenansicht einer bioklimatischen Villa aus Lehm, die der amerikanische Architekt Robert Peters 1979 bei Santa Fé, New Mexico, USA, erbaute

294 Innenansicht des Meditationsraumes im Kommunikationszentrum ›Lama Foundation‹, das um 1973 in Lehmbauweise im Staat New Mexico, USA, entstanden ist

Arbeitersiedlungen in neuen Städten

295

295 Wohnstraße in Camp Davis, Texas, USA, entstanden im 19. Jahrhundert. Die Häuser sind aus Lehm gebaut, jedes mit einer vorgezogenen Veranda, deren Überdachung auf Holzpfosten ruht

▷

298 Arbeitersiedlung aus Stampferde, 1882 in Saint-Siméon de Bressieux in der Nähe von Grenoble, Frankreich, erbaut. Diese Bauten, deren Architekt nicht bekannt ist, gehen auf die Theorien und die Architekturvorschläge des französischen Architekten François Cointereaux aus der Zeit zwischen 1789 und 1815 zurück (vgl. auch Abb. 196, 197, S. 149). Dieses wichtige Zeugnis moderner Industriearchitektur aus Stampferde wurde 1981 entdeckt. Die Gruppe CRATerre aus Grenoble (die sich auf das Studium der Lehmarchitektur und ihrer Verbreitung spezialisiert hat) schlägt vor, diese Siedlung als Zeugnis der Kultur und Technik dieser Region unter Denkmalschutz zu stellen

296

299 Moschee, um 1930 im Zentrum der neuen Stadt Adrar in der algerischen Sahara erbaut

296 und 297 Einheitlich gestaltete Fassaden im Zentrum der neuen Stadt Adrar, die um 1930 in der algerischen Sahara erbaut wurde

297

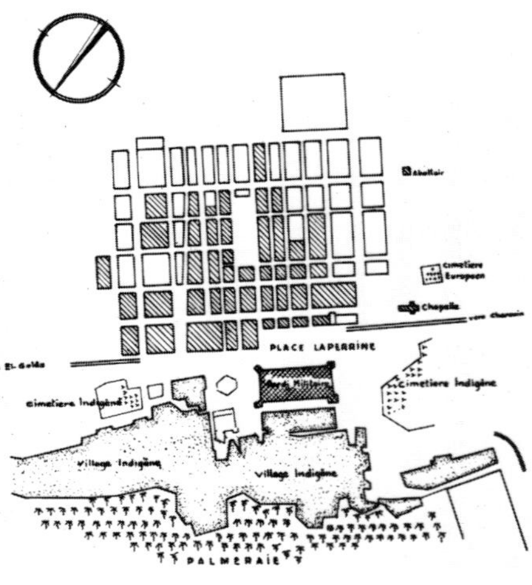

Grundrißplanung der neuen Stadt Adrar in der algerischen Sahara

298

299

300 Piségebäude in Weilburg, Bahnhofstraße 11; Wohn- und Geschäftshaus. Erbaut von Metzler und Wimpf 1828–29

Lehmarchitektur in Weilburg an der Lahn

Karl Heinz Striedter

Anders als in Frankreich oder vielen anderen europäischen und außereuropäischen Ländern, besitzt die Lehmarchitektur in Deutschland keine jahrhundertealte Tradition. Lehm als Baustoff wurde zwar schon immer verwendet, aber stets nur in Verbindung mit anderen Materialien: als Bindemittel bei Steinmauern, zusammen mit Holz, Geflecht und Stroh zum Ausfachen beim Fachwerkbau oder als Bewurf. Die Verwendung reinen Lehms als Baustoff blieb baugeschichtliche Episode. Sie blieb beschränkt auf eine Epoche zu Beginn des 19. Jahrhunderts sowie auf die Notzeiten nach den beiden Weltkriegen. Die Wiederentdeckung und öffentliche Förderung des Lehmbaus nach den beiden Weltkriegen weist die Lehmarchitektur in Deutschland als eine Krisenarchitektur aus, als provisorischen Notbehelf. In beiden Fällen wurde der Baustoff Lehm sehr bald wieder durch industrielle Baustoffe verdrängt. Die wenigen Protagonisten des Lehmbaus scheiterten an der Ablehnung und dem Mißtrauen, die man – bedingt durch mangelnde Kenntnis und Tradition – dieser Bauweise entgegenbrachte, und nicht zuletzt an den Interessen einer expandierenden Baustoffindustrie, die natürlich das ihre dazu beitrug, den Lehm als Baustoff in Mißkredit zu bringen.

Die ersten Versuche zu Beginn des 19. Jahrhunderts die Lehmarchitektur in Deutschland heimisch zu machen, stießen bereits auf dieselben oder zumindest sehr ähnliche Schwierigkeiten, wobei für das letzliche Scheitern dieser Versuche das Fehlen einer einheimischen Lehmbautradition von ausschlaggebender Bedeutung gewesen sein dürfte.

Die Einführung der Lehmarchitektur in Deutschland zu Beginn des 19. Jahrhunderts geht zweifellos zurück auf das Wirken des französischen Architekten François Cointeraux, der 1790 in Paris sein Buch ›Ecole d'Architecture Rurale‹ veröffentlichte. Die Tatsache, daß dieses Buch bereits drei Jahre später in deutscher Übersetzung unter dem Titel ›Schule der Landbaukunst‹ erschien, ist sicher ein Indiz dafür, daß in Deutschland Bedarf und daher auch Interesse für eine alternative Bauweise bestand. Cointeraux wurde rasch rezipiert. David Gilly setzt sich mit ihm – wenn auch nicht gerade freundlich – in seinem ›Handbuch der Land-Bau-Kunst‹, Halle 1811, auseinander. In den folgenden Dekaden erscheinen eine Reihe von Abhandlungen, deren Autoren über eigene Erfahrungen mit dem Lehmbau berichten, darunter der Königl.-Preuß. Regierungs-Bau-Inspektor S. Sachs mit seiner ›Anleitung zur Erd-Bau-Kunst (Pisé-Bau)‹, Berlin 1825, und W. J. Wimpf aus Weilburg an der Lahn mit seinem Büchlein ›Der Pisé-Bau, oder vollständige Anweisung, äusserst wohlfeile, dauerhafte, warme und feuerfeste Wohnungen aus bloser gestampfter Erde, Pisé-Bau genannt, zu erbauen‹, Heilbronn 1841.

Wie viele Anhänger die Lehmbauweise damals in Deutschland fand und in welchem Ausmaße Bauwerke aus Lehm tatsächlich realisiert wurden, läßt sich heute kaum mehr abschätzen. Ganz sicher jedoch fand die Lehmarchitektur keine allgemeine Verbreitung, sondern blieb auf einige Regionen beschränkt, darunter auch Weilburg an der Lahn und seine Umgebung. Weilburg dürfte heute der Ort sein, der die meisten und die am besten erhaltenen Lehmbauten aus jener Epoche besitzt. Das Beispiel Weilburg zeigt auch auf, wie sehr die Einführung (und schließlich auch das Ende) einer alternativen Technologie wie die des Lehmbaus, die nicht an lokale Bautraditionen anknüpft, von einer einzelnen Person abhängt. Im Fall Weilburg waren es ohne Zweifel die Initiative und Beharrlichkeit des Regierungsadvokaten und »Besitzers mehrerer Fabriken« Wilhelm Jacob Wimpf, die dem Lehmbau zum Durchbruch verhalfen und ihn für einige Jahrzehnte etablierten.

Das erste Lehmgebäude in Weilburg wurde wahrscheinlich um 1796 errichtet. In einem Gesuch vom 14. Mai 1796 an den Fürsten Friedrich Wilhelm (Hessisches Hauptstaatsarchiv, Abt. 151, Nr. 575) bittet eine Bauherrengemeinschaft um »gnädigste Erlaubniß, ein feuerfestes Pisé-Gebäude . . . errichten zu dürfen, und [um] Verwilligung des dazu erforderlichen Holzes«. Dasselbe Dokument nennt auch einen der ökonomi-

301 Entwurf für ein Pisé-gebäude von W. J. Wimpf aus seinem Buch ›Der Pisé-Bau‹

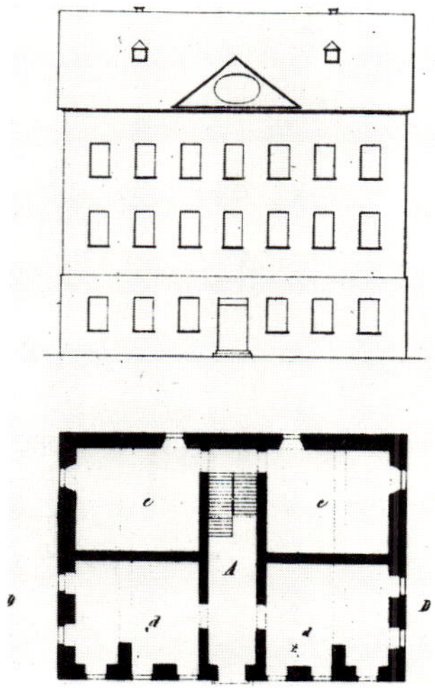

302 Titelseite der zweiten Ausgabe ›Der Pisé-Bau‹ von W.J. Wimpf 1841

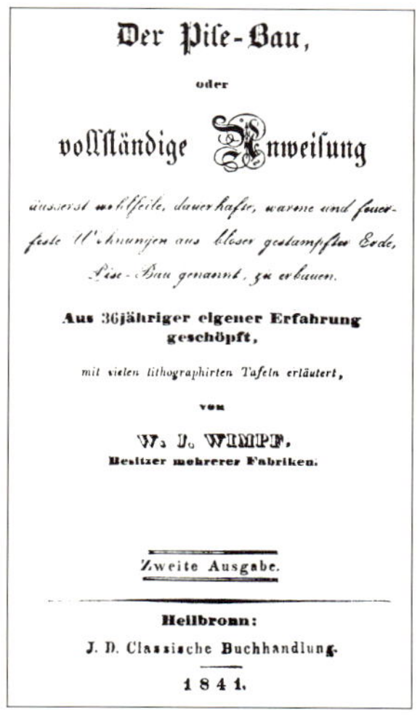

Der Pise-Bau,

oder

vollständige Anweisung

äusserst wohlfeile, dauerhafte, warme und feuerfeste Wohnungen aus bloser gestampfter Erde, Pise-Bau genannt, zu erbauen.

Aus 36jähriger eigener Erfahrung geschöpft,

mit vielen lithographirten Tafeln erläutert,

von

W. J. WIMPF,

Besitzer mehrerer Fabriken.

Zweite Ausgabe.

Heilbronn:

J. D. Classische Buchhandlung.

1841.

303 Piségebäude in Weilburg, Hainallee; Wohnhaus. Erbaut von W.J.Wimpf 1825–28.

schen Gründe, die damals die Einführung des Lehmbaus begünstigt haben mögen, die Knappheit an Bauholz: »Da wegen Mangel an Bauholz in sehr vielen Ortschaften keine neuen Gebäude mehr aufgeführt werden könnten, so wäre das vorgeschlagene Piségebäude, dergleichen man in Pohlen, so wie in anderen fruchtbaren, mit Bauholz aber nicht versehenen Gegenden viele antreffen solle, als eine Probe in unserer Gegend allerdings zu unterstützen.«

In der Tat war der Holzmangel, insbesondere der Mangel an hochwertigen Hölzern im 17., 18. und beginnenden 19.Jahrhundert ein großes wirtschaftliches Problem. Nicht nur das Bauwesen, sondern auch die zahlreichen Köhlereien und der Bergbau (Grubenholz) ließen die Waldbestände schrumpfen. Die übliche Beweidung des Waldes behinderte überdies das Nachwachsen der Jungbestände. Indirekt läßt sich die wachsende Holzverknappung auch an den Fachwerkbauten der damaligen Zeit nachweisen, deren Gebälk im Laufe der Jahrzehnte immer leichter konstruiert wurde. So entsprach der Lehmbau, für den nur verhältnismäßig wenig Holz benötigt wird, durchaus den ökonomischen Bedürfnissen jener Zeit. Die Tatsache, daß die Unterzeichner des genannten Gesuches überdies das billige und für den Fachwerkbau nur bedingt verwendbare Espenholz erbitten, mag den Fürsten bewogen haben, das Gesuch bereits am 19.Mai 1796 zu bewilligen.

Ein zweites Dokument, das sich auf den Lehmbau in der Weilburger Gegend bezieht, trägt das Datum vom 1.August 1810. Es handelt sich um ein an den Fürsten gerichtetes, positiv kommentierendes Begleitschreiben zu einem Bericht des Bauinspektors Wirth, »die Aufnahme und Beförderung des Pisébauens betreffend« (Hessisches Hauptstaatsarchiv, Abt.151, Nr.846). Auch hier ist wieder vom Mangel an Bauholz die Rede und von der Notwendigkeit, eine alternative Bauweise einzuführen, nämlich den Lehmbau. »Die Vorzüge des Pisébau in Vergleichung mit Holz rücksichtlich auf Wohlfeilheit und Dauerhaftigkeit, wie auch in Hinsicht der dadurch erreicht werdenden im Winter wärmeren und im Sommer kühleren überhaupt gesünderen Wohnungen seyen in öffentlichen Schriften besonders in den jüngeren des Baumeisters Cointerau und Profeßor Seebas mit so vielen Gründen auseinander gesetzt und durch Erfahrungen selbst hier bei dem Regierungs-Advokaten Wimpf bewährt worden, daß der Erfolg nicht zweifelhaft seyn könne.« Aufgrund bisheriger Erfahrungen in der Weilburger Gegend werden die beiden folgenden Forderungen erhoben:

»1., Das Pisébauwesen müsse unter polizeilicher Aufsicht stehen.
2., Es bedürfe Leute, die man als Praktiker in dieser Arbeit zu Aufsehern und Meistern gebrauchen könne.«

Offensichtlich waren 1810 zumindest in Einzelfällen Lehmbauversuche mißlungen, was der Bauinspektor Wirth auf mangelnde Sachkenntnis zurückführt. Den Mangel an Fachleuten »als Meistern eines neuen Handwerks« sieht er als schwerwiegendes Hindernis für eine Ausbreitung des Lehmbaus. In diesem Zusammenhang wird der Fürst ersucht, zwei Maurer vom Militär- und Frondienst freizustellen, »welche sich durch mehrjährige Arbeit bei Wimpf die nötigen Kenntnisse hierzu erworben« hätten und gegebenenfalls bereit wären, sich weiterhin dieser Bauweise zu widmen. Auch dieser Antrag wurde binnen weniger Tage bewilligt. Von seiten der Regierung und der Behörden stand man der Einführung des Lehmbaus also eher positiv gegenüber, wobei freilich offen bleibt, ob man in ihm eine vollwertige Alternative oder lediglich eine aus wirtschaftlichen Gründen zwar wünschenswerte, im übrigen aber zweitklassige Lösung sah.

Ob Wilhelm Jacob Wimpf bereits an dem ersten oben erwähnten Pisébau in der Weilburger Gegend direkt oder indirekt beteiligt war, muß vorerst offen bleiben. Das zitierte Dokument aus dem Jahre 1810 beweist, daß Wimpf zu diesem Zeitpunkt bereits über einschlägige Erfahrungen verfügte. In seinem Buch ›Der Pisé-Bau‹, das er 1836 abschloß, hebt er hervor, daß er aus 36jähriger eigener Erfahrung schöpfe. Danach dürfte er seine ersten Versuche mit der neuen Bauweise um 1800 angestellt haben. Inwieweit er und womöglich auch andere aus seiner Umgebung sich dabei ausschließlich auf das Buch von Cointeraux – sozusagen als Anleitung – stützten, oder ob man sich auch anderswo über die Praxis des Pisébaus unterrichtete oder sachkundige Beratung erfuhr, bleibt im dunkeln. Auch Wimpf teilt in seinem

Buch leider nichts darüber mit, unter welchen Umständen er von der neuen Bauweise erfuhr, und was ihn schließlich dazu bewog, sich ernstlich mit ihr zu beschäftigen.

Der Pisébau, wie er seit Jahrhunderten im Mittelmeerraum verbreitet war und heute noch in großem Maße im Süden Marokkos angewendet wird und wie er auch in Weilburg praktiziert wurde, ist eine besondere Variante des Lehmbaus. Ähnlich wie beim Beton verwendet man eine Holzverschalung, in die man das Baumaterial einstampft. Als Material für den Pisébau kommt jede Verwitterungserde – also kein Humus – in Frage, in der Regel der Aushub aus der Baugrube. Steinige Erden haben sich besonders bewährt; sie schwinden nur wenig beim Austrocknen und ergeben hohe Festigkeit. Irgendwelche Zusätze werden nicht beigemischt. Die Erde wird in feuchtem Zustand in die Verschalung eingestampft. Diese kann sofort nach dem Einstampfen entfernt und weitergerückt werden, um den anschließenden Block zu stampfen. Ehe die zweite Schicht gestampft wird, muß die erste leicht angetrocknet sein. Die verwendeten Verschalungen können unterschiedliche Größe haben. Wimpf schlägt neben kleineren Formen Verschalungen bis zu 10m Länge und 1,50m Höhe vor. Im großen und ganzen hält er sich an die Anleitungen von Cointeraux, entwickelt jedoch, speziell auch im Hinblick auf eine zweckmäßige Verschalung, wesentliche, praxisgerechte Verbesserungen, die ein zügiges Bauen ermöglichen. Die Stärke der Piséwand beträgt im unteren Stockwerk ca. 60cm (20Zoll) und vermindert sich in jedem weiteren um ca. 6cm (2Zoll).

Wimpf hält, wie Cointeraux, ein Steinfundament für den Pisébau für unabdingbar. Es soll hoch genug sein (0,50 bis 1,00m über dem anstehenden Erdboden), um die Pisėwand nicht nur vor Bodenfeuchtigkeit, sondern auch vor Spritzwasser vom Dachtrauf zu schützen. Der bereits erwähnte Sachs hingegen hält dies keineswegs für notwendig und hat nach eigenen Angaben auch mit Piséfundamenten gute Erfahrungen gemacht.

Es kann jedoch kein Zweifel bestehen, daß der Pisébau empfindlich ist gegen Feuchtigkeit und daher insbesondere in den regenreichen Gebieten Europas eines wirksamen Schutzes gegen Nässe bedarf. Daher kommt auch dem äußeren Bewurf eine besondere Bedeutung zu. Während Cointeraux einen Verputz aus Kalk und Sand, aus reinem Gips oder aus einem Gemisch aus Kalk, Ton und Wollflocken oder Haaren propagiert, und Sachs einen Bewurf aus je einem Teil Lehm, Kalk und Sand vorschlägt, begnügt sich Wimpf mit reinem Lehm. Auf die gegebenenfalls aufgeraute Wand wird ein mit Stroh untermischter Lehmspeis aufgetragen, mit dem man alle Unebenheiten ausgleicht. In den noch nassen Strohlehm wird sogleich ein nicht zu dünner Haarspeis (Lehm vermischt mit Tierhaaren aus der Gerberei) eingerieben und zusätzlich mit einem stumpfen Besen schräg von oben nach unten eingedrückt. Diesen rauhen Bewurf läßt man austrocknen und überzieht ihn noch einmal mit Haarspeis, der sorgfältig verrieben und abgeglättet wird. Der Verwendung von Kalk steht Wimpf mit Skepsis gegenüber. Er befürchtet, daß der Kalk sich nicht ausreichend mit dem Lehm verbindet. Er hebt hervor, daß sein Putz nun schon 36 Jahre halte, und kommt in einem Nachtrag zu seinem Buch zu dem selbstbewußten Schluß: »Was nun den Bewurf betrifft, so werden schwerlich die Chemiker was Besseres erfinden können, als was mich eine lange Erfahrung belehrt hat.«

Wimpfs Buch gibt nicht nur eine praktische Anleitung zum Pisébauen, indem es in knapper Form alle wesentlichen Aspekte darstellt, angefangen mit den notwendigen Gerätschaften, über die geeigneten Lehmarten, das Auf- und Abschlagen der Verschalungen, das Einstampfen des Lehms, das Verlegen der Deckenbalken, das Anbringen der Tür- und Fensterfutter bis zum Verputz für innen und außen. Das Buch läßt außerdem, wenn auch nur bruchstückhaft, die ökonomischen Probleme im Zusammenhang mit der Bauwirtschaft erkennen und zeigt die Schwierigkeiten auf, mit denen der Autor bei der Einführung des Pisébaues zu kämpfen hatte.

Das Bauen muß schon damals teuer gewesen sein, denn Wimpf spricht voller Mitgefühl von seinen »Mitmenschen, die das Unglück haben, bauen zu müssen, . . . und zeitlebens in Schuld und Ungeduld vegetieren«. Das Bauen mit Natursteinen hält er zwar für solide, aber für allzu kostspielig (Beschaffung des Materials, Löhne, usw.). Der Steinbau sei außerdem kalt und feucht. Die Verwendung von Backsteinen nennt er eine sündliche Verschwendung von Holz, das für das Brennen benötigt werde. Wie schon in den oben zitierten Dokumenten, so ist auch bei Wimpf häufig vom Holzmangel die Rede. Der Fachwerkbau ist schon aus diesem Grund für ihn nicht diskutabel: zu den hohen Materialkosten kämen noch hohe Lohnkosten für die Handwerker. Außerdem böte das Fachwerkhaus nur unzureichend Schutz gegen Kälte und Hitze, sei außerordentlich reparaturanfällig und vor allem äußerst feuergefährdet. »Wenn man sieht, wie für die Stelle

304 Piségebäude in Weilburg, Frankfurter Straße; Wohnhaus, in den letzten Jahren renoviert

abgebrannter hölzerner Häuser ganze Waldungen hundertjähriger Eichen niedergelegt werden, um daraus theure, schlechte Wohnungen zu erbauen, die vielleicht der nächste Blitzstrahl in Asche legt, so muß man eine solche Verblendung um so mehr bedauern, als bei uns die Herzogliche Landes-Regierung diese Bauart dadurch besonders zu begünstigen sucht, daß sie den mit Pisé Bauenden das Holz aus den Gemeindewaldungen ⅓ unter dem laufenden Preis abgeben läßt.« Die Landesregierung muß also ein erhebliches Interesse an der Einführung des Pisébaues gehabt haben, vielleicht nicht unbedingt, weil man von dieser neuen Bauweise überzeugt war, sondern sicherlich in erster Linie, um die Waldbestände zu schonen. Wimpf, der mehrere seiner eigenen Häuser, darunter Fabriken, in Pisé ausführen ließ, war ohne Zweifel fest davon überzeugt, daß der Pisébau den anderen in der Weilburger Gegend üblichen Bauweisen in jeder Beziehung ebenbürtig, ja sogar überlegen sei, etwa hinsichtlich der Wärmedämmung. Hinzu kam der beträchtliche Kostenvorteil (keine Material- und geringe Lohnkosten), der zu jener Zeit erhebliches Gewicht gehabt haben muß. Sachs füllt einen wesentlichen Teil seiner ›Anleitung zur Erd-Bau-Kunst‹ mit Kalkulationsbeispielen. Offensichtlich war für ihn der Kostenvorteil das gewichtigste Argument für den Pisébau. Wimpf gibt an, ein Pisébau verursache nur ein Viertel der Kosten eines vergleichbaren gemauerten Bauwerks, was womöglich etwas übertrieben ist. In der Herstellung preiswerter Wohnungen sieht er nicht nur ökonomische Vernunft, sondern auch ein soziales Anliegen: »So erhalten die Menschen statt kostspieligen, kalten, feuchten, feuergefährlichen Wohnungen, viel schneller äußerst wohlfeile, gesunde, dauerhafte, warme und völlig feuerfeste Wohnungen, die ebenso solid wie die besten gemauerten sind, und denen man die nämliche Eleganz geben kann.«

Trotz all dieser Vorteile des Pisébaues, die auch seinen Zeitgenossen unmittelbar einleuchtend gewesen sein müssen, hatte Wimpf mit erheblichen Widerständen zu kämpfen, die in zählebigen, tief eingewurzelten Vorurteilen gründeten. Das Festhalten am Hergebrachten ließ einer auch noch so vernünftigen Alternative nur wenig Raum. Wimpf beklagt diesen Mangel an Einsichtsfähigkeit und schreibt sie einer allgemeinen Dummheit zu. Seine Gegner jedoch sieht er in den Handwerkern, die in den traditionellen Bauweisen ihr Auskommen fanden und sich nun dem Pisébau verschlossen, der ja auch in der Tat ihre ökonomische Existenz zumindest teilweise bedrohte. Er berichtet von einem Zimmermann, der sich weigerte, den Dachstuhl für eines seiner Piséhäuser zu machen; er prangert die »Eitelkeit und Selbstsucht« der Bauleute an und stellt schließlich fest: »Den Bauleuten gefallt es nicht, daß ohne ihre Kunst Gebäude entstehen können. Sie warnen also davor und bespötteln ein Leimenhaus als etwas Schimpfliches.«

Ein anderer Vorwurf geht an die Adresse der Architekten. Wimpf wirft ihnen vor, sich nicht mit der Lehmarchitektur auseinanderzusetzen, obwohl zahlreiche Publikationen darüber vorlägen und man sie in Deutschland seit einiger Zeit und anderswo seit Jahrhunderten praktiziere. Offenbar sähen sie ihre Aufgabe allein in der Errichtung von Prachtgebäuden für die Reichen. Es sei auffallend, »daß sie ihre Eleven nur für die Pracht Roms und Münchens begeistern und es ganz verschmähen, sie auch auf das zu lenken, woran Millionen leiden, nehmlich an elenden Wohnungen, worin sie schlechter als ihr Vieh vegetieren, und jährlich tausende vorzüglich arme Kinder zu Grunde gehen«.

305 Piségebäude in Weilburg, Bahnhofstraße 11. Innenaufnahme: Treppenhaus.

Neben der Diffamierung des Pisébaues durch die Bauhandwerker und dem Desinteresse der Architekten sieht Wimpf zuweilen auch Sabotage am Werk: »Ich kenne einen Platz, wo man Höheren Orts des guten Beispieles wegen ein ansehnliches Pisé-Gebäude erbauen ließ, wo aber absichtlich bei der Ausführung so viele faux frais gemacht wurden, daß der Ruhm der Wohlfeilheit vernichtet wurde.«

Für die Durchsetzung des Pisébaues hofft Wimpf auf die Trendsetter, zu denen er Behörden und Reiche zählt: »Wenn öffentliche Gebäude in Pisé aufgeführt würden, und man daran auch Eleganz mit Zweckmäßigkeit verbände, was sehr wohl verträglich ist, wenn Reiche nicht verschmäheten, und es ihnen nicht als schimpflich dargestellt würde, in dieser Bauart was Vorzügliches entstehen zu lassen, so würde das alberne Vorurtheil gegen ein Leimenhaus bald gestört seyn.« Mit Befriedigung stellt Wimpf fest, daß in der Weilburger Gegend ein solcher Wandel im Gange sei, und daß täglich neue Pisé-Gebäude entstünden. Er erwähnt ein Gießhaus, das der Fürst von Braunfels auf der Oberndorfer Eisenhütte erbauen ließ, einen Gartensalon und ein dreistöckiges Wohnhaus, das Weilburger Bürger errichteten. Ein General habe auf seinem Landgut ansehnliche Piségebäude sowie auch einige »Ökonomiegebäude« in Wiesbaden aufgeführt, allerdings wenig Nachahmer gefunden. Im Nachtrag zu seinem Buch stellt Wimpf 1841 fest, daß seine Bemühungen im engeren Umkreis Früchte getragen hätten. In Weilburg seien allein in den letzten beiden Jahren vier recht ansehnliche dreistöckige Piségebäude entstanden, und in den umliegenden Dörfern habe man eine Menge recht schöner Bauernhäuser, Scheunen und Stallungen in eben dieser Technik gebaut.

Es ist schwierig abzuschätzen, in welchem Ausmaß der Pisébau gegen die Mitte des 19. Jahrhunderts in Weilburg und Umgebung praktiziert wurde. Näheren Aufschluß darüber könnte das Studium der einschlägigen Akten geben, die zum großen Teil noch erhalten sind. Über das Ende der Lehmarchitektur in der Weilburger Region und die Gründe dafür lassen sich zur Zeit ebenfalls keine Angaben machen.

In Weilburg und Umgebung sind eine Reihe von Lehmbauten aus der ersten Hälfte des 19. Jahrhunderts erhalten geblieben. In der Stadt selbst sind es etwa zehn. Diese Bauten sind heute rund einhundertfünfzig Jahre alt und belegen anschaulich Wimpfs Behauptung über ihre Dauerhaftigkeit. Die meisten dieser Häuser stehen an stark befahrenen Durchgangsstraßen und weisen bis heute – im Gegensatz zu anderen Bauwerken – keinerlei Risse auf. Selbstverständlich haben sie im Laufe der Zeit ihr Aussehen verändert. Sie sind modernisiert worden und dienen als Geschäftsräume und vor allem als Wohnungen. Die Bewohner, nach der Qualität ihrer Wohnungen befragt, heben stets die hervorragende Wärmedämmung des Pisébaues hervor.

Wimpf hat also sein Versprechen erfüllt. Die Lehmarchitektur hat sich auch in unserem feuchten Klima bewährt. So ist es nicht verwunderlich, daß manche Architekten an eine Wiederbelebung der Lehmarchitektur, auch in Europa, denken. Ob sie eine Chance hat, sich in einer industriellen Gesellschaft durchzusetzen, oder ob sie vielmehr als alternative Bauweise eine alternative (vielleicht postindustrielle) Lebensweise voraussetzt, muß einstweilen dahingestellt bleiben.

(Für die Unterstützung bei meinen Recherchen danke ich Herrn Wilhelm Schick, dem Vorsitzenden der Bürgerinitiative ›Alt-Weilburg‹.)

Kleine Geschichte der Lehmarchitektur in Deutschland

Hildegard Erhard

Raum ist in der kleinsten Hütte oder – Raum ist überall, verifiziert und definiert durch menschliches Verhalten und gesellschaftliche Verhältnisse, die sich ständig abbilden in gebauter Umwelt und ihren Begrenzungen, und wiederum lesbar ist, und wird, und sein soll für die Benutzer bzw. Nichtbenutzer. Der Architektur ist eine Funktionalität inne, die sich jedoch erst dann äußert, spürbar wird, als einengend, verbietend oder – vielversprechend, erschließend, wenn ihre Signifikanz ignoriert wird. Zum Beispiel, wenn einer seinen lehmbehafteten Stiefel über blanken Marmor schleifen läßt, oder einer herginge und ein Kongreßzentrum in wohlfeiler ›Pisay‹-Technik erstellen würde; dies ist denkbar, jedoch tabuisiert.

Wo ein Produktionsversuch menschlicher Heimat vom gesetzten Wohnzweck bis zur Erscheinung einer schöneren Welt in Proportion und ›Ornament‹ Architektur sein kann, blieb der Lehmbau in seiner Gestalt hierzulande in der von dem Baustoff (als ein solcher, wie er aus der Erde kommt, also unveredelt), von der Technik (einer handwerklichen) und den Ausführenden bzw. Benutzern bestimmten Erscheinungsbild stecken.

Sei es, daß man dem Material als einem kostenlosen mißtraute, sei es, daß die Bauart mit Lehm teils nur regionaler Tradition entsprach, von regen Landbaumeistern und Fabrikbesitzern gefördert, von Tagelöhnern ausgeführt oder wie sie sich mancherorts als Lehm Klecker, Lehmer, Lehmentirer, Kleiber oder Wellerer befleißigten[1]. Eine rechte Zunft hat diese Baukunst in den letzten Jahrhunderten nicht gefunden.

»Nur in Nürnberg hatten die Kleiber ehedem ein förmliches Handwerk, mit Lade, Gesetzen und Ordnung, sie nahmen jedoch ab und kamen schon im 17. Jahrhundert auf 7 Meister herunter, weil man die Wände nicht mehr kleibte, sondern von leichten Mauersteinen machte, und wenn diese noch zu schwer waren dem hohen Weg nach mauerte. Ihr Meisterstück bestand darin, daß sie ein Feld in einer Wand von einer gewissen Größe mit Stöcklein kleibten. Bei der Schau war ein Steinmetz oder Zimmermann, der an das Holzwerk oder die Riegelwand drei Schläge tat. Fiel mehr als ein Stück heraus, so wurde er nicht zum Meister gesprochen.«[2]

Lehm ward hierzulande hauptsächlich den Bedingungen wie Billigkeit des Baustoffs, der Dauerhaftigkeit und Bequemlichkeit der, wie David Gilly sie nennt, »Civilbaukunst« unterworfen. Die Schönheit, insbesondere die klassische Schönheit im eigentlichen Sinne des Wortes, war »den Gebäuden einer höheren Klasse vorbehalten, und es genügte den Land- und Ökonomiegebäuden ein gefälliges Ansehen zu geben«[3].

Wir, die Barbaren von heute, würden eine ›Naturbauweise‹ von einer ›Behelfsbauweise‹ nicht mehr unterscheiden. Wir wüßten, was Produktionsbedingungen sind und um ihr Abbild, wir wüßten, was Energiekrisen sind, und um die Möglichkeit, ihnen wirkungsvoll zu begegnen.

Und trotzdem werde ich bei Besichtigung einer Selbstbausiedlung in Lehmtechnik von den Bewohnern aufs entschiedendste darauf hingewiesen, man wohne in massiven Häusern und nicht in Lehmhäusern.

»Lehm ist kein Baumaterial, sondern eine Weltanschauung« (Josef Frank), und seine Zauberkraft wird immer dann beschworen, wenn die Not groß ist.

306–307 Erstellung einer Pisé-Wand und Anfertigung von luftgetrockneten Lehmziegeln nach David Gilly ›Anweisung zur landwirtschaftlichen Baukunst‹, Berlin 1836

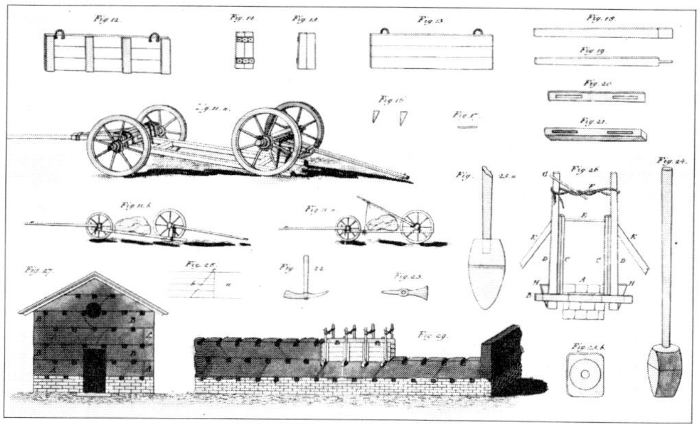

307

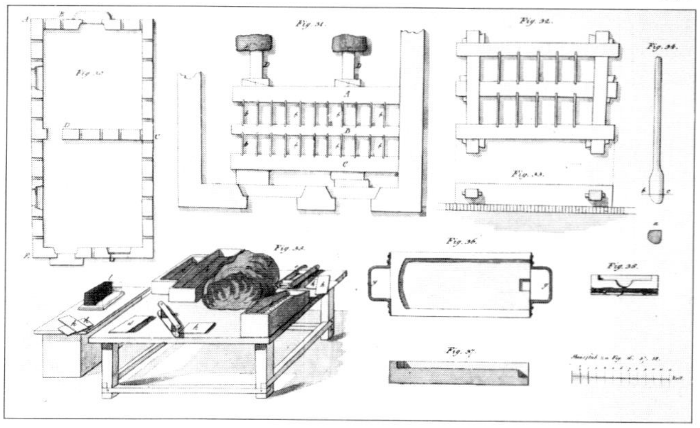

Kolonisatorische Tätigkeit der Preußenfürsten erforderte in den steinarmen Gebieten der Mark, in Ost- und Westpreußen, Ersatz zu finden. Friedrich der Große verordnete mit einem Erlaß von 1764 die Einführung der Lehmbauweise. Erfahrene ›Lehmstempelarbeiter‹ wurden aus Mitteldeutschland nach dem Osten geholt.

1797 veröffentlichte David Gilly (1748-1808), der Vater von Friedrich Gilly, in Berlin ein Handbuch der Landbaukunst, in dem er sich der Technik des Lehmbaus widmet. »Es scheint als wenn die Franzosen in Absicht der ökonomischen Baukunst viel weiter zurück sind, als wir, denn ich fand folgendes in der ›Decade Philosophique, litteraire et Politique N 50.3 année republicaine‹ unter Landgebäude: ›Wir haben mit Mißvergnügen bemerkt, daß keiner der über diesen wichtigen Gegenstand eingereichten Entwürfe, die Ehre der Ausführung nicht einmal im Modell verdiente . . . Es wäre Zeit, daß unsere Baukünstler sich endlich der wirtschaftlichen Baukunst befleißigten. Der Zeitpunkt ist vielleicht nicht mehr entfernt wo die allgemeine Achtung demjenigen nicht weniger zuteil werden wird, der sich befleißigt, gesündere und bequemere ländliche Gebäude zu erbauen, als dem der Tempel und Paläste entwirft.‹«[3]

David Gilly selbst hat sich in seinen Beschreibungen auf eigene Erfahrungen und Versuche berufen und empfiehlt es seinen Lesern ebenso: ». . . wer sich von der eigentlichen Konstruktion der Gebäude gründlich und genau unterrichten will, der wird wohltun, alle Gelegenheit wahrzunehmen, um dasjenige, auch in der Ausübung selbst zu sehen, was davon in Büchern enthalten ist.«[4]

Gilly kennt sehr gut die Schriften des Professors Cointeraux von 1789/91, der Deutschland mit der Bauweise des festgestampften Lehms, ›le Pisé‹ oder ›le Pisay‹ genannt, bekannt gemacht und dadurch im wesentlichen dazu beigetragen hat,

308 Herrenhaus Kleinmachnow, Gartenansicht. In David Gillys ›Beschreibung einer vortheilhaften Baukunst mit getrockneten Luftziegeln‹, Berlin 1790, heißt es dazu: »Ein großes herrschaftliches Wohngebäude von zwei Etagen und einem Souterrain von Luftsteinen mit Verblendung der Außenseiten, der Fronten und Giebel aufgeführt. . . . sogar die inneren Scheide- und Mittelmauern sind ganz von Luftziegeln«

309 Gutshof in Riesdorf, Kr. Burg, 1691

daß der massive Lehmbau Ende des 18. Jahrhunderts in Deutschland zur Aufnahme kommt. Und dies ist verständlich, weiß man um die Faszination, die von Frankreich damals ausging. Was von dort kam, mußte revolutionär sein. L. Seebaß, Professor der Philosophie in Leipzig, übersetzte höchstpersönlich die Schrift von Cointeraux. David Gilly will jedoch der Sache auf den Grund gehen, warum sich »die Deutschen erst durch die Anpreisungen eines Ausländers zum Zutrauen ermuntern lassen«[4]. Er fuhr also nach Paris, um sich die Pisé-Bauten des Herrn Cointeraux und seiner Schule, der ›école d'architecture rurale‹, bei Vincennes anzuschauen. Nach seiner Rückkehr weiß er sich bestätigt, daß man in Schlesien (man spricht dort von ›Lehmsen‹) und Leipzig (unter Baudirektor Dauthe) und wahrscheinlich noch an mehreren anderen Orten weit mehr in dieser Sache getan hat.

Gilly errichtet aus luftgetrockneten Lehmziegeln ein Herrenhaus in Kleinmachnow, Berlin, für den Rittergutsbesitzer von Hake. Heute ist das Schloß eine Ruine des letzten Krieges.

310 Entwurf zum Bau einer großen gewölbten Dorfkirche, nach S. Sachs ›Anleitung zur Erdbaukunst‹, Berlin 1825

Nach Gilly veröffentlicht der königliche Regierungsbauinspektor S. Sachs eine Schrift über den ». . . verbesserten Pisé-Bau«. Er beruft sich »auf Befehl des hohen Kriegsministerii in hiesiger Residenz (Berlin) in dieser Bauart ausgeführtes Militärokonomiegebäude von 400 Fuß Länge, 22 Fuß Tiefe und 10 Fuß Höhe«[5]. Sachs begründet seine Vorschläge in ganz ›moderner‹ Weise und bringt damit die Land-Lehmbau-Kunst in öffentlichen (Ver-)Ruf. »In unseren geldarmen Zeiten wird es ferner dem Staate sehr lästig die Menge der öffentlichen Gebäude zu errichten, und zu erhalten um so lästiger, da die gegenwärtige Staatsverfassung für die genannten Zwecke eine größere Anzahl von Gebäuden als ehemals erfordert.«

Sachs will mit seinen Schriften die Vorurteile aus dem Weg räumen, die der »einfachsten und kunstlosesten aller Bauarten« entgegenstanden. Und mit der Überzeugung, die in ihm »glühete«, seine Leser »entzünden«[6], und der guten Sache zum Heil der Menschheit das Wort reden.

Aus 36jähriger Erfahrung schöpft Wilhelm Jacob Wimpf, Besitzer mehrerer Fabriken. Er appelliert 1836 in seiner Handschrift ›Pisé-Bau oder die vollständige Anweisung äusserst wohlfeile, dauerhafte, warme und feuerfeste Wohnungen aus blosser gestampfter Erde, zu erbauen‹. Und wenn er meint, »es gibt Dinge auf der Welt, die so einfach und einleuchtend sind, daß man nicht leugnen kann, wie 20-30 Jahre erfordert werden, ehe sie nur erst anfangen, sich in der Wirklichkeit Bahn zu brechen . . .«[7], glaubt er den Schlüssel gefunden zu haben zur Befriedung ». . . des ersten Bedürfnisses der Menschen, . . .«[7], nämlich ihrer Wohnungen. Es komme nur darauf an, Lehm als kostenlosen Baustoff, in der richtigen Art und Weise und laut seinen Erfahrungsberichten zu verarbeiten. Wimpf hat selbst seine Fabrikgebäude und Wohnhäuser (vgl. Abb. 194, 195, S. 152) in dieser Bauart errichtet, die zum Teil heute noch stehen.

»Wenn doch Auswanderer einen klaren Begriff dieser Bauart mit nach Amerika brächten«, dann hätte sich die Mühe gelohnt. Die Einsicht deutet sich bereits an, daß Wimpfs Vorstellungen und all sein guter Wille nicht gleichzeitig dem Vorbild eines sich etablierenden Bürgertums und beginnender Industrialisierung und seiner Repräsentation entsprach.

Baumethoden (von *oben* nach *unten*):

311 Aufbereitung des Lehms

312 Vorbereitung des Lehms für den Stampfbau. Zuschlagstoff Heidekraut wird mit einer Häckselmaschine zerkleinert

313 Herstellung einer Lehmstampfwand bzw. Pisé bzw. ›Naturbeton-Wand‹

314 Herstellung einer Lehmsteinwand. Neben dieser Methode gab es früher noch das Vermauern von sog. Lehmbroten mit Reisigeinlagen, vgl. hierzu Abb. 78, S. 68

315 Rohbau eines Bauernhauses, bei welchem verschiedene Lehmbautechniken in Anwendung gebracht wurden: die Außenmauern sind in Lehmstampfbau, die Innenwände und Vordergiebelwand in Lehmpatzenbau ausgeführt und der Stallanbau in Lehmfachwerk

In der Entwicklung des Lehmbaus sollte sich auch für längere Zeit nichts verändern. In Gegenteil! Nach dem verlorenen 1. Weltkrieg, zu dessen Ende eben noch die Wunder der Technik (U-Boot) die Siegesgläubigen enttäuscht haben mußten, kehrte die deutsche Bautätigkeit zurück zur Natur und der Primitivität des Schützengrabens. Der Mangel an Kohle, Transporteinrichtungen und Baufacharbeitern und ein hoher Bedarf an Wohnraum rückten den Lehmbau als ideale Forderung ins Licht des 20. Jahrhunderts, und dies zu einer Zeit, als seine bedingte Brauchbarkeit schon längst erwiesen war. Es war ein Angriff auf eine Zivilisation, im Besitz aller Güter (von der Möglichkeit einer Bebauung der Alpen in farbenprächtigen Glasarchitekturen ganz zu schweigen!), der den Zweck hatte, diese wertlos erscheinen zu lassen. Die gesamte ideale Einstellung auf dieses Ziel nahm den bestehenden Zustand sofort als den normalen an und versuchte, sich in ihm einzurichten. Was den einen die »Armut« in Lehmhäusern wurde, war den anderen in Dessau nicht die »Erfahrung«, am Nullpunkt anzufangen.

So fanden 1920 und 1921 Sachverständigentagungen in Dresden statt, mit eben jenem Ziel, den Lehmbau mit allen Mitteln zu fördern. Ein ›Viventi satis‹ des Baurats Siebold regte die Meisterschule für das Bauhandwerk an, in der Aschaffenburger Lehrkolonie eine Reihe von Versuchshäusern in Stampfbau zu errichten.[8] Und sie studierten vorher die Weilburger Bauten, die alten Stampfbauten im Westerwald, an der Bergstraße, am Rhein, in Darmstadt, Württemberg. Der Haustyp zeigte durchschnittlich 70-80 qm Wohnfläche; für einen späteren Anbau geeignet und der Kehlboden ausbaufähig, die Fassaden entsprachen landläufiger Schlichtheit. 1919 entstanden ca. 100 Lehmhäuser in Preußen, 1920 waren es bereits rund 1600 Wohnungen laut einem Bericht des Regierungspräsidenten (vgl. Abb. 199, S. 154). Lehmbausiedlungen entstanden ferner in Kassel, Berlin, Dresden und anderen Orten.

316 Arbeitereigenheimsiedlung in Zerbst, am Dohlenweg

317 Industriearbeiterwohnhäuser

Die Lehmbauweise ist eine sehr arbeitsintensive Bautechnik und es bedarf eines gut fundierten handwerklichen Könnens und entsprechender langjähriger Erfahrungen sowohl im Umgang mit dem Material als auch bei der jeweilig angewandten Technik. Lehm ist ein reversibler Baustoff. Es muß besonders darauf geachtet werden, daß die Feuchtigkeit der bereits errichteten Bauteile gut austrocknen kann (möglichst ohne Schwinden oder Rissebildung), als auch darauf, daß keine neue Feuchtigkeit während und nach der Bauzeit eindringt. An Bau- und Arbeitswilligen fehlte es wohl nicht in jener Zeit. Verständlich sind dann auch die Bestrebungen, den Mangel der Sachkundigkeit aufzuholen durch allerlei Versuche, Geheimrezepte und Patentanmeldungen, den Lehm als Baustoff wetterfest zu machen, oder das Dach vor den Wänden zu errichten, um vor Regen zu schützen. Wei-

318 Zentralschule in Wallwitz

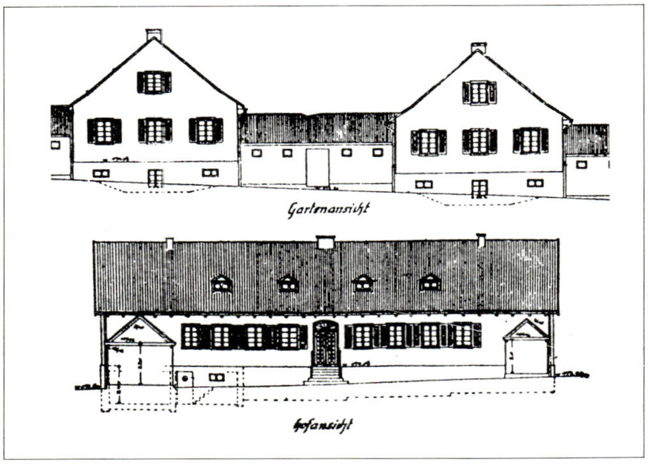

319 26 eingeschossige Häuser für 102 Familien. Städtische Siedlung am Philippinenhöferweg in Kassel. 50 Jahre später wird die altgewordene Lehmsiedlung, genannt ›Neger-Dorf‹, zum Sanierungsgebiet für 14-stöckige Häuser

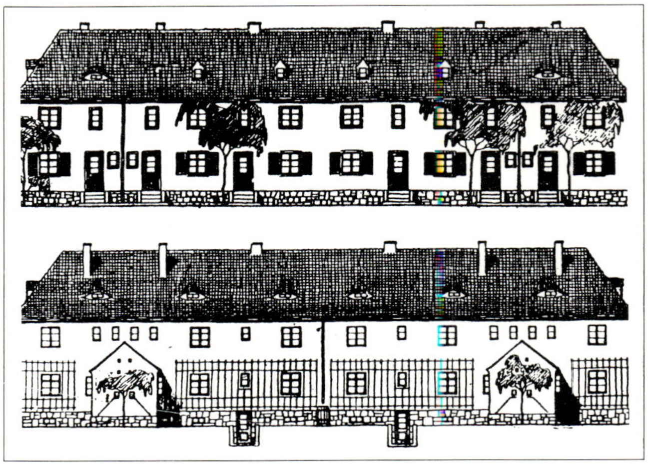

320 Zweistöckige Siedlungshäuser, für Ziegelbau entworfen, 1920 im Lehmstampfbau und Lehmputzen ausgeführt in Reick bei Dresden. Als Sechsfamilienwohnhaus von der Heimstättengenossenschaft Dresden-Reick konzipiert und von der Härtelbau-Gesellschaft Berlin Wilmersdorf errichtet

321 Wellerbau im Landsfelder Land. Im Vordergrund der erste Wellerwandsatz vor dem Abstechen

322 Leichtlehmplattenherstellung am Einmanngerät

tere Beispiele sind Härtungsversuche des Lehms mittels Sulfitablauge, oder durch Zusatz von Schlacke die Lehmstampfwand beiderseits nach Fertigstellung durchzuhitzen.

In den zwanziger Jahren[9] werden auf Betreiben des Ministeriums für Volkswohlfahrt in Preußen eine Reihe von Beratungsstellen eingerichtet – Berlin, Breslau, Sorau, Königsberg, Köslin, Eisleben, Kiel, Münster, Achim bei Bremen, Haan im Rheinland.

Kurse über Lehmbauweise werden veranstaltet, und Poliere, Baufachleute, Unternehmer sowie Bauherren und gemeinnützige Bauvereinigungen sollten sich angesprochen fühlen. Veranstalter sind zum Beispiel der Hauptverein für Volkswohlfahrt in Hannover unter Leitung des Kreisbaumeisters Engelhardt, in Eckernförde unter Kreisbaumeister Leister, oder selbst im kohlereichen Westfalen, Münster, unter Dr. Düttmann.

»Das zu Lehrende umfaßte: die Zubereitung des Lehms zur Herstellung von Lehmsteinen/Lehmpatzen; – (Lehmspeisezubereitung erfolgt für wenig LSt. [Lehmsteine] im Mörtelkasten, und zwar Lehmknollen zerkleinern, Sand beimengen, $\frac{1}{3}$ Raumteil Heidekraut/Häcksel/Rapsstroh dazugeben und mit Wasser vermengen. Für größere Mengen durch Zureiten der Pferde in einer Grube oder per Lehmwagen.) Herstellen der Ziegel; (Handstrichverfahren); Zubereitung des Lehms für den Pisé-Bau; (Lehmverwendung wie er aus der Grube kommt, mögl. trocken mit $\frac{1}{6}$-$\frac{1}{8}$ RT [Raumteile] Häcksel vermischen, die Gebäudeecken nicht in anderer Technik ausführen.) Lehmdrahtbauweise (Technik wie beim Stampfbau, jedoch werden die einzelnen Stampfhöhen in Hasenstallgitter eingepackt und mit Zementmörtel verklebt). Innenputz (setzt sich wie Mörtel zum Mauern zusammen, 4 Teile Lehm, 2 Teile Sand und Wasser). Außenputz (z. B. an Versuchsbauten im Baadner Moor, Bremen, Unterputz aus Lehmkalkmörtel oder Teerung des Gebäudes, äußere Lage aus Kalkzementmörtel).«[10]

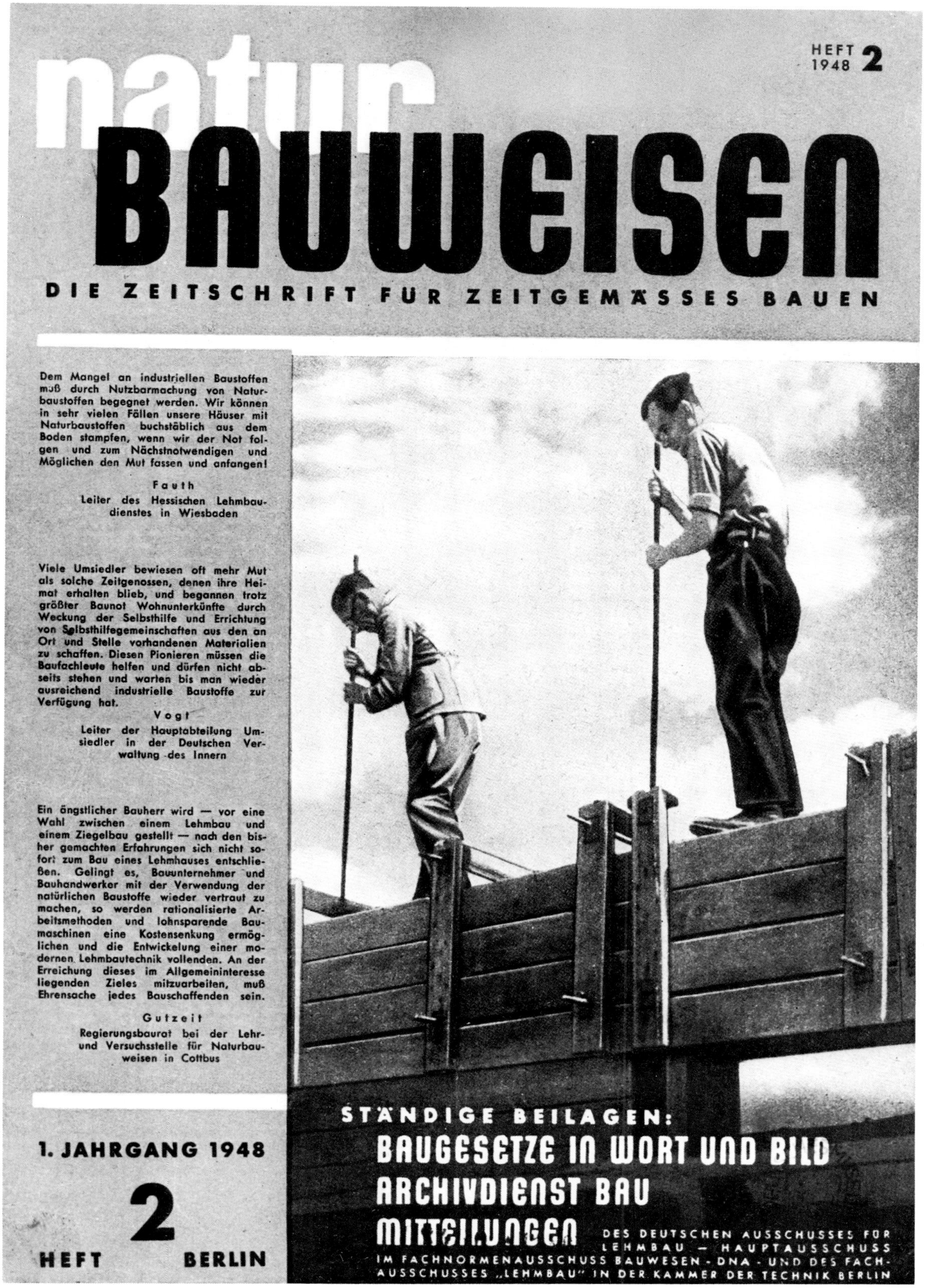

HEFT 1948 2

natur BAUWEISEN

DIE ZEITSCHRIFT FÜR ZEITGEMÄSSES BAUEN

Dem Mangel an industriellen Baustoffen muß durch Nutzbarmachung von Naturbaustoffen begegnet werden. Wir können in sehr vielen Fällen unsere Häuser mit Naturbaustoffen buchstäblich aus dem Boden stampfen, wenn wir der Not folgen und zum Nächstnotwendigen und Möglichen den Mut fassen und anfangen!

Fauth
Leiter des Hessischen Lehmbaudienstes in Wiesbaden

Viele Umsiedler bewiesen oft mehr Mut als solche Zeitgenossen, denen ihre Heimat erhalten blieb, und begannen trotz größter Baunot Wohnunterkünfte durch Weckung der Selbsthilfe und Errichtung von Selbsthilfegemeinschaften aus den an Ort und Stelle vorhandenen Materialien zu schaffen. Diesen Pionieren müssen die Baufachleute helfen und dürfen nicht abseits stehen und warten bis man wieder ausreichend industrielle Baustoffe zur Verfügung hat.

Vogt
Leiter der Hauptabteilung Umsiedler in der Deutschen Verwaltung des Innern

Ein ängstlicher Bauherr wird — vor eine Wahl zwischen einem Lehmbau und einem Ziegelbau gestellt — nach den bisher gemachten Erfahrungen sich nicht sofort zum Bau eines Lehmhauses entschließen. Gelingt es, Bauunternehmer und Bauhandwerker mit der Verwendung der natürlichen Baustoffe wieder vertraut zu machen, so werden rationalisierte Arbeitsmethoden und lohnsparende Baumaschinen eine Kostensenkung ermöglichen und die Entwickelung einer modernen Lehmbautechnik vollenden. An der Erreichung dieses im Allgemeininteresse liegenden Zieles mitzuarbeiten, muß Ehrensache jedes Bauschaffenden sein.

Gutzeit
Regierungsbaurat bei der Lehr- und Versuchsstelle für Naturbauweisen in Cottbus

1. JAHRGANG 1948

2

HEFT BERLIN

STÄNDIGE BEILAGEN:
BAUGESETZE IN WORT UND BILD
ARCHIVDIENST BAU
MITTEILUNGEN DES DEUTSCHEN AUSSCHUSSES FÜR LEHMBAU — HAUPTAUSSCHUSS IM FACHNORMENAUSSCHUSS BAUWESEN - DNA - UND DES FACHAUSSCHUSSES „LEHMBAU" IN DER KAMMER DER TECHNIK BERLIN

323 Titelseite der Zeitschrift ›natur Bauweisen‹, 1948

324 Leichtlehmfaserplatten
Leichtlehm hat durch geringen Sandanteil und hohen Faserstoffanteil eine gute Wärmedämmfähigkeit und wird für nichttragende Bauteile verwendet. z. B. Dachausbau, Unterböden etc.

325 Nach Herstellung der Umfassungswände bis in Sockelhöhe und Aufstellung der Schalung wird der beim Kelleraushub gewonnene Lehm mit Steinen und kurz geschnittenem Stroh vermischt und als Stampfgut verwendet

Der Minister für Volkswohlfahrt teilt in einem Rundschreiben von 1920 an den Regierungspräsidenten mit, daß die Hypothekenbanken keine Bedenken mehr haben, Häuser aus Lehm als beleihungsfähig anzuerkennen, sofern es sich um technisch einwandfreie Ausführungen handelt. Na bitte!

Dieses ›weltfremde Ideal‹ der Lehmbaukunst, wie es in jenen Jahren mittels technischer Kniffe montiert wurde, um außerhalb des Bestehenden Ordnung zu schaffen, konnte jederzeit wieder ins Gegenteil umschlagen, wie es dann ja auch eintraf. Eine erstarkende Industrie, die Absatzgebiete brauchte, trat an erste Stelle. Die Reproduzierbarkeit dieser Montage wird spätestens dann klar, liest man die Einführungen und Vorworte der veröffentlichten Bücher und Schriften bei Ende des letzten Krieges.

1944 schreibt Wilhelm Fauth in seinem Buch ›Der praktische Lehmbau‹: ». . . unser Volk befindet sich in einer kaum noch steigerungsfähigen Not«, und er plädiert für den Lehm beim Bau des notwendigen Wohnraums. Er bedauert gleichzeitig, daß sich kaum ein Baugewerbe dessen je annahm und auch die Zunft die Lehmbauweise längst als veraltet und aussichtslos abgelehnt hatte. Fast könnte man schon von den Metamorphosen des Lehmbaus reden, von der Landbaukunst zur Naturbauweise, und ». . . der gewaltige Umbruch der Zeitenwende wird auch auf bauwirtschaftlichem Gebiet das Umdenken von der reinen Materialtechnik zur Biotechnik bringen«[11].

Dazu heißt es in der Reichsgesetzlichen Regelung mit dem Erlaß des Reichsarbeitsministers vom 4. 10. 44: »Zum Ausgleich

326 Elektrostampfer in Betrieb *(oben)*

327 Gesamtanlage einer Baustellen-Einrichtung für den mehrgeschossigen Lehmstampfbau

Lehmbau: Eigenschaften, Bauarten, Anwendungsbereich

DIN 18953 – Entwurf Mai 1951

Einsprüche bis zum 31. August 1951 – möglichst in zweifacher Ausfertigung – an die Geschäftsstelle des FNBau, Bamberg, Wilhelmsplatz 3

Vorbemerkung

Der Lehmbau hatte durch die im Jahre 1944 vom ehemaligen Reichsarbeitsminister erlassene »Lehmbauordnung« eine heute noch geltende gesetzliche Regelung gefunden. Nach seiner ausgedehnten Anwendung in den Jahren nach dem Ersten Weltkrieg wird der Lehmbau zur Zeit vorwiegend im Osten Deutschlands für Wohnungs- und landwirtschaftliche Bauten, im Westen dagegen im allgemeinen nur für letztere angewendet. Durch die Herausgabe der Lehmbau-Normblätter soll das im Laufe vieler Jahre gewonnene Erfahrungsgut auf diesem Gebiete gesichert und für die Bauwirtschaft nutzbar gemacht werden. *Köster*

1 Begriffsbestimmung. Lehmbauten sind massive Bauten, bei denen Lehm allein ohne Zuhilfenahme anderer tragender Baustoffe verwendet wird. Zu diesen Bauarten gehören der Lehmsteinbau, der Lehmstampfbau und der Lehmwellerbau.

Über Bauten, bei denen ein besonderes Traggerippe zur Aufnahme der Lasten eingebaut ist, siehe DIN 18951, Bl. 1 »Lehmbauten, Vorschriften für die Ausführung (Lehmbauordnung)«, § 9 sowie DIN 18958 (Lehmständerbau).

2 Eigenschaften. Infolge der Eigenschaften des Baustoffes Lehm hat der Lehmbau gegenüber anderen Bauarten Besonderheiten, die nur von einem Fachmann gemeistert werden können. Deshalb ist die Ausführung von Lehmbauten durch Laien allein ohne Anleitung und Aufsicht durch einen Fachmann nicht zulässig (vgl. DIN 18951, Bl. 1, § 3).

2.1 *Wasserempfindlichkeit.* Die Wasserlöslichkeit des Lehmes ist die entscheidende Eigenschaft, die den Lehmbau von anderen Bauarten unterscheidet.

Lehm erhärtet beim Austrocknen durch die Bindekraft des in ihm enthaltenen Tones. Lehme mit großem Tongehalt erreichen große Festigkeiten. Beim Zutritt von Wasser wird der Lehm weich und verliert dadurch seine Tragfähigkeit. Diese Eigenschaft des Lehmes erfordert während der Bauzeit einen besonderen Wetterschutz (DIN 18960).

Für Fundamente und Kellerwände ist Lehm nicht verwendbar. Aufgehende Lehmwände dürfen erst mindestens 300 mm über Erdgleiche beginnen.

2.2 *Schwinden und Quellen.* Lehm muß mindestens erdfeucht verarbeitet werden. Beim Trocknen schwindet er und gibt beim Festwerden Wasser ab, und zwar um so mehr, je mehr Ton der Lehm enthält, je fetter er also ist. Durch das Schwinden können Risse entstehen.

Trockner Lehm quillt bei Feuchtigkeitszutritt auf, und zwar um so mehr, je fetter er ist.

Diese beiden Eigenschaften des Lehmes müssen bei der Ausführung von Lehmbauten besonders beachtet werden. Zur Vermeidung von Schwindrissen müssen mittelfeste und fette Lehme sowie Tone mit magernden Zuschlägen versehen werden, magere Lehme nur dann, wenn sie sehr feucht, z.B. als Mörtel, verarbeitet werden. Als magernde Zuschläge dienen sandige, kiesige, steinige und faserige Stoffe (z.B. Stroh, Heidekraut und dergl.). Nicht genügend gegen Feuchtigkeit geschützte Wände quellen schon bei feuchter Luft in geringem Maße auf. Deshalb ist ein sicherer Schutz gegen Feuchtigkeit notwendig, der schon bei Beginn der Bauausführung einsetzen muß (vgl. DIN 18960).

Das Schwinden der Lehme verursacht ein Setzen der Wände. Bei steinigen Lehmen ist das Setzmaß am geringsten. Bei massiven Lehmbauten dürfen Gebäudeecken, Pfeiler, Fensterecken oder sonstige tragende Teile nicht aus anderen Baustoffen hergestellt werden, weil sonst Setzrisse entstehen, die auch nach der Ausbesserung lange Zeit hindurch wiederkehren.

2.3 *Frostbeständigkeit.* Trockene Lehmwände sind frostbeständig. Feuchte Lehmwände sind frostgefährdet. Lehmstampfwände müssen bis zum Eintritt des Frostes ausgetrocknet sein. Die Stampfarbeit muß in der Regel Ende September, in nassen Zeiten früher, beendet sein.

Trockene Lehmsteine lassen sich wie andere Mauersteine bis in den Winter hinein vermauern, wenn hydraulischer Mörtel verwendet wird.

2.4 *Wärmedämmung.* Die Wärmeleitzahl von Lehmwänden hängt von der natürlichen oder künstlichen Zusammensetzung des Baulehmes ab. Im allgemeinen gleicht die Wärmeleitzahl derjenigen von Ziegelwänden. Ohne besonderen Nachweis der Wärmeleitzahl ist die Wanddicke der Lehmwände der der Ziegelwände gleichzusetzen. Das Wärmespeicherungsvermögen ist größer als das von Ziegeln.

2.5 *Schalldämmung.* Die Schalldämmung massiver Lehmwände ist größer als die von Ziegelwänden.

2.6 *Druckfestigkeit.* Die Druckfestigkeit der Lehme schwankt je nach Art und Aufbereitung in weiten Grenzen. Lehme unter 17 kg/cm^2 Druckfestigkeit dürfen für tragende Wände nicht verwendet werden. Über die zulässigen Druckbeanspruchungen siehe DIN 18951, Bl. 1, § 13 und DIN 18951 Bl. 2 »Lehmbauten, Vorschriften für die Ausführung, Erläuterungen«, Abschnitt Nr. 26.

2.7 *Weitere Eigenschaften.* Lehm wirkt konservierend. In Lehmwände eingebautes Holz, Stroh usw. hält sich jahrhundertelang unverändert.

Lehmwände sind gut nagelbar. Bei mageren Lehmen empfiehlt sich das Ansäuern der Nägel mit Essig.

Lehm ist nicht brennbar. Lehmwände von 250 mm Dicke gelten als feuerbeständig.

Trockene Lehmbauten bieten gesunde Aufenthaltsräume für Menschen und Tiere.

3 Bauart

3.1 *Lehmsteinbau.* Hierbei werden entweder große Lehmquader, mittelgroße Lehmpatzen oder kleine Lehmsteine (gewöhnlich in Reichsformat) verwendet. Lehmsteine lassen sich auf große Entfernungen befördern. (Näheres siehe DIN 18951.)

3.2 *Lehmstampfbau.* Der Lehm wird unmittelbar aus der Grube heraus zur Wand geformt, je nach der Lehmart mit oder ohne Aufbereitung und Magerung. Der Lehmstampfbau ergibt ein einheitliches (monolithisches), festes und zähes Wandgefüge. Er ist in der Regel an örtliche Lehmvorkommen gebunden. (Näheres siehe DIN 18956.)

3.3 *Lehmwellerbau.* Ein Gemenge von Lehm und viel Stroh wird mit Dunggabeln in niedrigen Sätzen freihändig zur Wand aufgesetzt und nach dem Austrocknen abgestochen. (Näheres siehe DIN 18957.)

4 Anwendungsbereich. Das Hauptanwendungsgebiet des Lehmbaues erstreckt sich auf ländliche Siedlungen und landwirtschaftliche Bauten. Der massive Lehmbau ist für Bauten bis zu zwei Geschossen zugelassen. Er ist für die Selbsthilfe und für die Beschäftigung ungelernter Arbeitskräfte unter fachmännischer Anleitung besonders geeignet.

328 Aufbereitung des geschichteten Lehms. Abbildung in ›natur Bauweisen‹, 1948

329 Lehmbrotewand (vgl. Abb. 78, S. 68). Abbildung in ›natur Bauweisen‹, 1948

der entstandenen Gebäudeverluste ist der restlose Einsatz aller verfügbaren Baustoffe geboten. Es muß daher auf ... Lehm zurückgegriffen werden, und bei richtiger Anwendung durchaus geeignet ist. Er kann zudem besser als jede andere Bauart unter Mitwirkung der Bevölkerung in Selbst- und Gemeinschaftshilfe ausgeführt werden und wirkt sich daher auch arbeitsmäßig aus.«

In dieser neuen Nachkriegszeit gibt es natürlich auch wieder die Lehmbauschulen, die Lehmprüfstellen, -dienststellen und wissenschaftliche Lehmuntersuchungen. Zum Beispiel in Nienburg a. d. Weser unter Leitung von R. Niemayer[12], in Hannover unter Baudirektor Köster, in Wiesbaden-Dotzheim unter Wilhelm Fauth.

Im August 1948 fand in Cottbus ein Fachausschuß Lehmbau statt, wobei Bauwissenschaftler, Baurechtler und Praktiker ihre Kenntnisse im Bereich der Naturbauweisen austauschten und zu vervollkommnen suchten. Ausführlich berichtete Frau H. Wagner als Leiterin des Laboratoriums für Bodenuntersuchungen der Lehr- und Versuchsstelle für Naturbauweisen in Cottbus.[13]

Man will nicht nur am Wieder-Aufbau, sondern gleichzeitig an einer Wieder-Vereinigung mitbauen. Solches geht aus dem Telegrammwechsel hervor zwischen dem Leiter der Tagung und dem Deutschen Ausschuß Rodenberg/Deitster: »... Über 1000 Teilnehmer der ostdeutschen Lehmbautagung danken für Eure Grüße. Wir haben gleiche Wünsche für gemeinsame Arbeit in hoffentlich bald geeintem Vaterlande.«[14]

Bis Mitte der 50er Jahre ist Lehm als Grundbaustoff in Form industriell vorgefertigter Produkte in der DDR noch weiterverfolgt worden. Danach büßt der Lehm in Ost- und Westdeutschland wieder an Attraktivität ein. Eine Ausführungsbestimmung zur Verordnung über Lehmbauten (Lehmbauordnung) vom 4. Okt. 1944/RGBl. I S. 248[15] zum Baustoff, zur Bauzeit, Bauleitung, Bauausführung und den einzelnen Lehmbauarten § I-18 wird 1951 in die DIN aufgenommen[16], jedoch 1956 ersatzlos gestrichen. Weder Plan- noch Marktwirtschaftsysteme förderten dezentrale und weitgehend unabhängige Lösungen von Wohnraumbeschaffung.

»Wer schmeißt denn da mit Lehm?
der soll sich doch was schäm,
der soll doch etwas andres nehm,
als ausgerechnet Lehm.«

Ein Kinderreim, den ich noch kenne – Lehm ist klebrig, haftet an den Händen als Schmutz, ist schwer. Lehm glänzt nicht. Keine Spiegelungen, keine Brechungen. Als repräsentativer Baustoff kaum geeignet.

330 Lehmbauten der Siedlung Remscheid, Nordrhein-Westfalen

Der Lehmbau wird u.a. von der Alternativbewegung heute neu belebt. Begleitet von dem Wunsch Biotechniken zu finden, um den unterbrochenen Kreislauf von Mensch und Natur zu schließen und die herkömmlichen ökonomischen Baustrukturen zu durchbrechen. Doch dabei vergessen sie die Götter. So bleibt dieser Wunsch fast allerorts in technokratischen und rationalen Lösungen stecken. Wenn also heute ein Baustoff wie Lehm neu diskutiert wird, dann muß klar sein, daß er jederzeit einsatzfähig ist unter den bereits erforschten Bedingungen und Methoden. Der Baustoff Lehm kann nicht Transportmittel sein von Minderwertigkeitskomplexen oder Heilpflästerchen für verlorengegangene Lebensgefühle.

Seine Vorteile sind gute Wärmespeicherung, Isolierung und gute thermische Eigenschaften. Bei seiner Gewinnung und Verarbeitung wird die Umwelt kaum belastet.

331 Bergarbeiterwohnhaus in Sangershausen, Harz

Anmerkungen

1 Krüenitzsche Enzyklopädie, Bd. 70, 1796.

2 ›Beyträge zur Nürnberger Handwerksgeschichte im 5. St. des Journ. von u. für Deutschl. v. J. 1785‹, aus ebd.

3 David Gilly, ›Handbuch der Land-Bau-Kunst‹, Berlin 1797.

4 David Gilly, ›Anweisung zur landwirtschaftlichen Baukunst‹, Berlin 1836.

5 S. Sachs, ›Der verbesserte Pisé-Bau‹, Berlin 1822.

6 S. Sachs, ›Anleitung zur Erdbaukunst‹, Berlin 1825.

7 Wilhelm Jacob Wimpf, ›Der Pisé-Bau oder die vollständige Anweisung äusserst wohlfeile, dauerhafte, warme und feuerfeste Wohnungen aus blosser gestampfter Erde, zu erbauen‹, 1836.

8 A. Boßlet, ›Beiträge zur sparsamen Bauweise‹, Sonderabdruck aus ›Zeitschrift für Wohnungswesen in Bayern‹, München 1921.

9 A. Engelhardt, ›Der Lehmbau‹, Hannover 1919.
›Die Bauwelt‹, Heft 22, 1920.
Festschrift ›200 Jahre Philippinenhof/Warteberg‹.
›Die Bauwelt‹, Heft 48, 1920.
›Die Volkswohnung‹, Jahrg. 1920/1921.
›Deutsche Bauzeitung‹, Jahrg. 1919/1921.
›Sparsame Bauweise‹, Sitzungsberichte d. Arbeitsausschusses i. Reichsverband, Jahrg. 1920/1921, Berlin.

10 ›Bauwelt‹, Heft 37/1919.

11 Wilhelm Fauth, ›Der praktische Lehmbau‹, 1944 und Singen/Hohentwiel, 1948.

12 Richard Niemayer, ›Der Lehmbau und seine praktische Anwendung‹, Hamburg 1946.

13 ›Der Bauhelfer‹, Nr. 7, 1949: H. Wagner, ›Lehmuntersuchungen‹, S. 169-175.

14 ›Naturbauweisen‹, Heft 2, Berlin 1948.

15 ›Neue Bauwelt‹, Heft 13, 1947.

16 ›Neue Bauwelt‹, Heft 24, 1951.

Literatur

Chronologisch geordnet

Goiffon, M.: L'Art du maçon piseur. Paris 1772.

Diderot, D.: ›Pisay, pisey, pisé‹. In: Encyclopaedia Suppl. Bd. 4, Paris 1777

Cointeraux, François: Ecole d'architecture rurale ou leçons par lesquelles on apprendra soi-même à bâtir solidement les maisons de plusieurs étages avec la terre seule ... Paris 1790

Cointeraux, François: Schule der Landbaukunst. Hildburghausen 1793

Barber, William: Farm Buildings; or rural economy ... a description of the mode of building in pisé. London 1802

Johnson, S. W.: Rural Economy; containing a treatise on pisé building as recommended by the Board of Agriculture in Great Britain. New York 1806

Gilly, David: Handbuch der Land-Baukunst. Halle 1811 und Braunschweig 1818

Sachs, S.: Der verbesserte Pisé-Bau. Berlin 1822

Sachs, S.: Anleitung zur Erd-Bau-Kunst. Berlin 1825

Ford, Richard: ›On Cob Walls‹. In: The Quarterly Review, LVIII, 529 (England), 1837

Gilman, E.: The Economical Builder: a treatise on tapia and pisé walls. Washington (DC) 1839

Conrari, Ernst: Über den Pisé-Bau. Chemnitz 1840

Wimpf, Wilhelm Jacob: Der Pisé-Bau. Heilbronn 1841

Engel, Friedrich: Kalk-Sand-Pisé-Bau. Berlin 1865

Viollet Le Duc, E. E.: Histoire de l'habitation humaine. Paris 1875

›The Possibilities of Adobe‹. In: The Denver Times. 14. Mai 1899

Monteil, Charles: Monographie de Djénné. Cercle et ville. Tulle 1903

Adam, J. W.: Adobe as a Building Material for the Plains. Colorado Agricultural and Mechanical College, Fort Collins (CO) 1910

Engelhardt, A.: Der Lehmbau. Hannover 1919

Williams-Ellis, Clough: Building in Cob, Pisé and Stabilized Earth. Country Life, London 1919

Ritgen, Otto von: Volkswohnungen und Lehmbau. Berlin 1920

›Germany Returns to Adobe Building‹. In: Engineering News Record (USA), 12. Mai 1921

Stegemann, Rudolf: ›Die Lehmbauweise‹. 7 Vorträge, 2. Tagung des deutschen Ausschusses zur Förderung der Lehmbauweise. Dresden 1921

Manson, J. Leask: Building in Cob and Pisé de Terre. Special Report no. 5, Building Research Board, Department of Scientific and Industrial Research (England) 1922

›Adobe Bricks made for Modern Building‹. In: Popular Mechanics (USA), Februar 1923

Ellington, Karl und Inez: Modern Pisé Building: House building with compressed or rammed earth (pisé de terre): a revelation for the farmer and settler. London 1924

Ellington, Karl, J.: ›More Mud Houses‹. In: Scientific American, März 1926

Williams, Mary O'Brien: ›Just a Mud House but it won a National Prize‹. In: Sunset (USA), Oktober 1928

Monteil, C.: Djenné, métropole du Delta central du Niger. Paris 1932

Lee, A. B.: Houses of Earth. Washington (DC) 1937

Betts, M. C. und *Miller,* T. A. H.: Rammed Earth Walls for Buildings. Farmers Bulletin no. 1500, US Department of Agriculture 1937

›Mud House Comes Back: New weatherproofing process revives ancient building art‹. In: Popular Science (USA), Juni 1937

Terrasse, Henri: Kasbas berbères de l'Atlas et des Oasis. Les grandes architectures du Sud marocain. Horizons de France, Paris 1938

›Cotton and Mud Go Into Houses: Government's effort to use native materials in low cost rural housing‹. In: Business Week (USA), 28. Oktober 1939

Küntzel, Carl: Lehmbauten. Berlin 1939

Le Corbusier: Les Murondins. Paris 1941

Glenn, H. E.: Rammed Earth Building Construction. Clemson State College, Clemson (SC) 1945

Aller, Paul und Davis: Build your own Adobe. Stanford University Press, Stanford (CA) 1946

Beidatsch, Alfred: Wohnhäuser aus Lehm (Reihe ›Bauen und Wohnen‹ Bd. 7). Berlin und Buxtehude 1946

Fauth, Wilhelm: Der praktische Lehmbau. Wiesbaden 1946

Niemeyer, Richard: Der Lehmbau und seine praktische Anwendung. Veröffentlichungen des Niedersächsischen Instituts für Bauforschung Hannover, Bd. 1, Hamburg 1946

Heyn, Fritz: Die Lehmbauweisen. Berufskundliche Lehr- und Arbeitsblätter, Bremen-Horn, Hamburg, Hannover 1946-47

Hölscher, Wilhelm: Die baurechtliche Regelung des Lehmbaus und des landwirtschaftlichen Bauwesens. Berlin 1947

›How Germans build Mud Homes‹. In: Popular Science (USA), November 1947

Kienlien: ›Le Béton de terre‹. In: Revue du génie militaire, Paris, Mai 1947

Miller, T., *Grigutsch,* E. und *Schulze,* K. W.: Lehmbaufibel. Darstellung der reinen Lehmbauweisen. Schriftenreihe der Forschungsgemeinschaften Hochschule/Weimar, Heft 3, Weimar 1947

Fauth, Wilhelm: Der praktische Lehmbau. Singen Hohentwiel 1948

›Naturbauweisen‹. In: Die Zeitschrift für zeitgemäßes Bauen, 1. Jahrg. Heft 2, Berlin 1948

Clough, Richard H.: A Qualitative Comparison of Rammed Earth and Sundried Brick. University of New Mexico Press, Albuquerque (NM) 1950

Jacques-Meunié, D.: Greniers-Citadelles au Maroc. Publication de l'Institut des Hautes Etudes Marocaines, Paris 1951

Clarke, J. I.: Construction en béton de terre. Paris 1952

Grenier, Ph.: L'habitat au Cameroun. Présentation des principaux types d'habitat. Publication de l'Office de la Recherche Scientifique Outre-Mer, Paris 1952

Middleton, M. F.: Earth Wall Construction. 1952 (von L. M. Schneider durchgesehene Neuauflage: Australian Government Publishing Service, Canberra, Australien 1981)

Pollack, E. und *Richter,* E.: Technik des Lehmbaus. Berlin, DDR, 1952

Middleton, M. F.: Build your House of Earth. 1953 (von Bob Young durchgesehene Neuauflage: Compendium Ltd., Victoria, Australien, 1979)

›Earth for Homes‹. American Agency for International Development, Washington (DC) 1956 (Neuauflage 1974)

Rodger, G.: Le village des Noubas. Paris 1955

Dreyfus, J.: Manuel de la construction en terre stabilisée en AOF. Documents de l'AOF, Serie ›Etudes‹ Nr. 1, Rufisque: Service d'Information du Haut Commissariat, o. J. (1957)

›Habitations en béton de terre stabilisée‹. United Nations, New York 1958

Jacques-Meunié, D. und *Meunié,* Jacques: ›Abbar, cité royale du Tafilalt‹ (Maroc présaharien). In: Hespéris 46, 1959

Risom, Sven: Nordiske Ler-Jords-huse. Rosenkilde og Bagger, Kopenhagen 1959

Kirk-Greene, A. H. M.: ›Decorated Houses in Zaria‹. In: Nigeria Magazine Nr. 68, 1961

Lebeuf, Jean Paul: L'Habitation des Fali montagnards du Cameroun septentrional: technologie, sociologie, mythologie, symbolisme. Hachette, Paris 1961

Jacques-Meunié, D.: Architectures et habitats du Dadès: Maroc présaharien. Klincksieck, Paris 1962

›Le Béton de terre stabilisiée: son emploi dans la construction‹. United Nations, New York 1964

Haselberger, Hertha: Die Bautraditionen der westafrikanischen Negerkulturen. Herder & Co., Wien 1964

Lammert, Marlies: David Gilly, ein Baumeister des deutschen Klassizismus. Gebr. Mann, Berlin 1964 (Neuauflage 1981)

Moughtin, J. C.: Traditional architecture of the Hausa people. Diss. Liverpool 1965

Brasseur, Gérard: ›Les établissements humains au Mali‹. In: Mémoire de l'Institut Français d'Afrique Noire 83, Dakar 1968

Echallier, J.-C.: Essai sur l'habitat sédentaire traditionnel au Sahara algérien. Institut d'Urbanisme Universitaire, Paris 1968

Gasser, Willy: Berbersiedlungen in Südmarokko. Tübinger Geographische Studien, Heft 26, Tübingen 1968

Prussin, Labelle: ›The architecture of Islam in West Africa‹. In: African Arts I/2, 1968

Stevens, Phyllis Ferguson: Aspects of Muslim architecture in the Dyula region of the Western Sudan. Institute of African Studies, University of Ghana, Legon 1968

Prussin, Labelle: Architecture in Northern Ghana. A Study of forms and functions. University of California Press, Berkeley und Los Angeles (CA), 1969

Fathy, Hassan: Construire avec le peuple; histoire d'un village d'Egypte: Gourna. Editions Sindbad, Paris 1970

Prussin, Labelle: ›Sudanese architecture and the Manding‹. In: African Arts III/4, 1970

Richards, J. M.: ›Gourna, a lesson in basic architecture‹. In: Architectural Review, Februar 1970

›A Study of the Feasibility of Mechanized Adobe Production‹. Center for Environmental Research and Development, University of New Mexico, Albuquerque (NM) 1970

Boudreau, Eugène: Making the Adobe Brick. Fifth Street Press, Berkeley (CA) 1971

Oliver, Paul (Hrsg.): Shelter in Africa. Barrie & Jenkins, London 1971

Dethier, Jean und *Bauer,* Gérard: ›La Terre et le roseau ou la réhabilitation et l'amélioration des techniques traditionelles de construction au Maroc‹. In: Architecture d'Aujourd'hui Nr. 160, Paris 1972

Echallier, J.-C.: Villages désertés et structures agraires anciennes du Touat-Gourara (Sahara algérien). Paris 1972

Moughtin, J. C.: ›The Friday Mosque, Zaria City‹. In: Savanna Bd. 1, Nr. 2, 1972

N'Diaye, Francine: ›Contribution à l'étude de l'architecture du pays dogon‹. In: Objets et Mondes 12,3, 1972

Fathy, Hassan: Architecture for the Poor. University of Chicago Press, Chicago und London 1973

Gardi, René: Auch im Lehmhaus läßt sich's leben. Über traditionelles Bauen und Wohnen in Westafrika. Akademische Druck- und Verlagsanstalt, Graz 1973

›Living on the edge of the Sahara. A study of traditional forms of habitation and types of settlement in Morocco‹. Hrsg. von Kasba Study Group. Den Haag 1973

Prussin, Labelle: ›An introduction to indigenous African architecture‹. In: Journal of the Society of Architectural Historians 33, 1974

Stedman, Myrthe und Wilfred: Adobe Architecture. Sunstone Press, Santa Fe (NM) 1975

Archer, J. und G.: Dirt Cheap. Compendium, Victoria (Australien) 1976

Bunting, Bainbridge: Early Architecture in New Mexico. University of New Mexico Press, Albuquerque (NM) 1976

Gray, Virginia und *Macrae,* Alan: Mud, Space and Spirit: Handmade Adobes. Capa Press, Santa Barbara (CA) 1976

Peters, Eckhart W.: Alisam. Ein Beitrag zur anonymen Kerpiç-Architektur in Ostanatolien. Institut für Bauen und Planen in Entwicklungsländern, Mitteilungen Nr. 1, Hannover 1976

Prussin, Labelle: ›Fulani-Hausa architecture‹. In: African Arts X/1, 1976

Gruner, Dorothee: ›Der traditionelle Moscheebau am mittleren Niger‹. Bemerkungen zur historischen und aktuellen Entwicklung. In: Paideuma 23, 1977

Kern, Ken: The Owner Built Home. Scribner's Sons, New York 1976

Lewis, Miles: Victorian Primitive. Greenhouse Publications, Carlton, Victoria (Australien) 1977

Rainer, Roland: Anonymes Bauen im Iran/Traditional Building in Iran. Akademische Druck- und Verlagsanstalt, Graz 1977

Denyer, Susan: African traditional Architecture. An historical and geographical perspective. Heinemann, London 1978

McHenry, P.: Adobe Build-it-yourself. University of Arizona Press, Tucson (AZ) 1978

Kahane, Jeff: Local Materials: A Self Builder's Manual. Publications Distribution Cooperative, London 1978

Bardou, Patrick und *Arzoumanian,* Varoujam: Archi(tectures) de terre. Editions Parenthèses, Paris 1978

CRATerre: Doat, Patrice, *Houben,* Hugo und andere: Construire en terre. Editions Alternatives et Parallèles, Paris 1979

Duly, Colin: The Houses of mankind. Thames & Hudson, London 1979

Hopson, Rex C.: Adobe: A Comprehensive Bibliography. The Lightning Tree, Santa Fe (NM) 1979

Bernardot, Marie-Jo: ›Le Retour de la maison en terre‹. In: Le Monde, Paris, 18. Mai 1980

Khalili, N.: Geltafan Earth: A Revolution in the Traditional Architecture of Iran. Museum zeitgenössischer Kunst, Teheran 1980

Lander, Helmut und *Niermann,* Manfred: Lehm-Architektur in Spanien und Afrika. Langewiesche, Königstein im Taunus 1980

Lunt, M. G.: Stabilised Soil Blocks for Building. Overseas Building Notes Nr. 184, Garston, Watford, 1980

Miller, David und Lydia: Manual for Building a Rammed Earth Wall. Miller, Greeley (CO) 1980

Adam, Jürgen A.: Wohn- und Siedlungsformen im Süden Marokkos. München 1981

Agarwal, Anil: Mud, Mud. Earthscan, London 1981

CRATerre: Des architectures de terre/On Architecture in Unbaked Earth (zweisprachig, mit 24 Dias). Centre Georges Pompidou, CCI, Paris 1981

Dethier, Jean: ›Perché le architetture di terra nel 1981?‹. In: Interni, Sonderheft ›Architetture di Terra‹, Mailand, Oktober 1981

Dethier, Jean: Architecture in Unbaked Earth or the Future of Time-Honoured Traditions for industrialised and developing societies (Mappe mit 90 Phototafeln und Texten in englisch, französisch, spanisch). Centre Georges Pompidou, CCI, Paris 1981

Eaton, Ruth: ›Mud: An Examination of Earth Architecture‹. In: The Architectural Review, London, Oktober 1981

Gruner, Dorothee: ›Der traditionelle Lehmbau und seine Problematik‹. Entwicklungstendenzen am Mittleren Niger (Mali). In: Paideuma 27, 1981

Kaplan, M.: Earth Building in Israel. Jacob Blaustein Institute for Desert Research, Ben Gurion University of the Negev (Israel) 1981

›La Terre: matérial d'avenir‹. Revue de l'Habitat Social Nr. 66, Sonderheft mit 16 Beiträgen, Paris 1981

Lumpkins, William: Casa del Sol; Thirty Proven Plans. Your Guide to Passive Solar House Design. Santa Fe Publishing Company, Santa Fe (NM) 1981

›Pourquoi les architectures en terre en 1981?‹. Mehrere Beiträge zum Thema in: Techniques et Architecture, Paris, Oktober 1981

Striedter, Karl Heinz: ›Architekturtypen Süd-Marokkos‹. In: Paideuma 27, 1981

Dank

Wir möchten herzlich all denen danken, die das Zustandekommen dieser Publikation ermöglicht und bei der Ausstellung mitgewirkt haben, insbesondere den auf Seite 4 genannten Personen und Institutionen und außerdem:

in Deutschland: Eike Haberland, Hilmar Hoffmann, Heinrich Klotz, Gernot Lucas, Gernot Minke, Frau Striedter, Peter Weiermair;

in Großbritannien: Antoine L. Crosby, M. Etherton, Roland Gelett, M. Hardy, John Turner;

in Saudi-Arabien: Muhammed S. Al Kahtani;

in Australien: Andy Crisp, John Holt, Architecture and Design Committee of the Australia Council (Department of Foreign Affairs), M. Mitchell, M. Woodward;

in Belgien: Philippe Gilain, Michel Meert, Xaver Nuttin, Suzanne Vervaelcke, Marc Wolf;

in China: Zhang Kaiji;

in den Vereinigten Staaten: P. G. Mc Henry, Rick Homans, Jerome Iowa, Mike Weber;

in Frankreich: Jean-Michel Arnold, M. Babic, M. Bayan, Rida Behi, Gaëlle Bernard und dem «Atelier des enfants», Claude Beurret, Patrick Boccard, M. Boutin, Jean-Louis Brahem, Teri When Damish, Anne Daniels, Madeleine Dumage, Guy Durier, M. Farnoux, M. Fleury, Louis-Michel Gohel, Georges Jeanclos, Yvette Katan, Titouan Lamazou, Robert Lion, Yvan Lohner, François Loyer, M. Paufique, Arielle Rousselle, Hugo Sada, M. Stanimirovic, Wolf Tochterman;

in Italien: Dorothea Balluff;

in Marokko: Moulay Ahmed Alaoui, Patrice de Mazières, M. Ben Ghabrit, M. Guibert, Jean Hensens, A. Sijelmassi;

in der Schweiz: Pierre Barde, Marc Nerfin, Vision-Habitat.

Unser Dank gilt auch all den anonymen Bauleuten, die täglich in der ganzen Welt diese alte Bautradition weiterführen, und denen, die an der Erneuerung und Verbesserung der Methoden mit Lehm zu bauen mitwirken.

Register

Fotonachweis

Die Fotos, die den Reproduktionen zugrunde liegen, stammen von den nachfolgend genannten Fotografen, Institutionen, Museen und Publikationen (die kursiven Zahlen beziehen sich auf die Abbildungsnummern).

Albuquerque Art Museum *203*
Andrault, Michel *56*, 1975; *136*, 1974
Archiv von Lyon *104*
Barbey, Bruno, Agentur Magnum *35, 89, 143;* 159, 1978
Bastin, Christine *2*, 1980; 10/11, 1981; *14*, 1981; *47*, 1980; *68*, 1980; *87*, 1981; *185; 249*, 1981; *251*, 1981; *256*, 1981; *257*, 1981; *263*, 1981; *280*, 1981
›Die Bauwelt‹, Heft 22, 1920: *319*
›Die Bauwelt‹, Heft 48, 1920: *320*
Besnard, Christian *198, 201, 202, 204, 206*
Biaugeaud *221*, 1980
Biro, André *105*, 1973; *153*, 1978; *168*, 1978
Bouchart, F.-X. *120*, 1977; *124, 134, 178; 182*, 1980
Breton, Jean-François und Darles, Christian *94; 152*, 1979; *157*, 1978
British Museum, London *61, 62*
Burri, René, Agentur Magnum *86*
Cassignol, Hélène *53*, 1981
Chalom, Mark *250*, 1978
Charles, Jean-Marc, Agentur Rapho *49*, 1976
Cheval, Jean-François; Agentur Roger Viollet *117*, 1978
Christians, L. *77, 78*
CRAterre *66, 69* (Fotos aus Frankreich), *193*
Darles, Christian und Breton, Jean-François *21, 99; 101*, 1978; *155*, 1977
Darley, Gillian *192*, 1978
Degeorges, Gérard *64* (Foto aus Algerien)
Dellicour, Oswald *232*, 1979; *233*, 1979; *234*, 1979
Doat, Patrice und Houben, Hugo *28*, 1978; *37*, 1976; *91; 112*, 1980; *298*, 1981
Dolfuss, Véronique *75*, 1976
Domian, Sergio *15*, 1981; *20*, 1981; *26*, 1981; *126*, 1981; *219*, 1981; *264*, 1981
Dubach, Werner *100*, 1973; *164*, 1976
Duval, Maurice *137*, 1979
Earls, Michael *80*, 1980; *173*, 1980
Editions Casterman, Paris-Tournai *8*
El Sadi, Samir *170*, 1978
Engelhardt, A. ›Der Lehmbau‹ Hannover, 1919: *311–315*
Esherik, Joseph; Homsey, George; Dodge, Peter;
Davis, Charles: *245* (Axonometrische Zeichnung der Architekten)
Evrard, Jacques *5*, 1980; *32*, 1981; *33*, 1978; *59*, 1981; *60*, 1978; *148*, 1970; *186*, 1970; *187*, 1970; *214*, 1981; *227*, 1981; *230*, 1981; *246*, 1980; *247*, 1981; *252*, 1980; *254*, 1980; *281*, 1981; *284*, 1981; *285*, 1981; *287*, 1981; *288*, 1981; *289*, 1981; *290*, 1981; *294*, 1981
Evrard, Jacques und Bastin, Christine *160*, 1981; *191*, 1981; *216*, 1981; *217*, 1981; *218*, 1981; *265*, 1980; *266*, 1980; *267*, 1980;
268, 1980; *269*, 1980; *270, 273, 275, 276, 277, 278, 279, 283, 291, 292*, 1981
Fauth, Wilhelm ›Der Praktische Lehmbau‹, Singen Hohentwiel 1948: *321, 322, 324, 325, 326, 327*
Foresta, Don *58*
Français, Bruno *24*, 1981; *44*, 1981; *115*, 1981; *128*, 1980;
Gardi, Bernard *65, 67*, Fotos aus dem Iran
Gardi, René *34; 40*, 1975; *123, 188*
Gerster, Georg, Agentur Rapho 76, *1975; 107; 161*, 1978
Gilly, David ›Answeisung zur landwirtschaftlichen Baukunst‹, Berlin 1836: *306, 307*
Gire, Jean *13*
Gomez-Pulido, Ignacio *51*, 1977; *172*, 1979
Hickx, David *45, 46, 57; 85*, 1976; *103; 111*, 1976; *114*, 1980; *163*, 1969
Khalili, Nader *70, 71;* (Fotos aus dem Iran), *211, 212*
Koch, Paolo, Agentur Rapho *17*
Lammert, Marlene ›David Gilly, ein Baumeister des deutschen Klassizismus‹, Berlin, 1964: *308*
Laughlin, Robin K. *295*
Lavallée, D. *130*
Leary, Allan *162*, 1970 (vor der Modernisierung der Moschee)
Lee, Russel, Kongreßbibliothek, um 1930: *81*
Leprun, Sylviane *165*
Leprun, Sylviane und Pierre *154*, 1981
Liger-Bellair, Jacques *167*, 1972
Lignon, Christian *6; 18*, 1981; *23*, 1981; *30*, 1981; *50*, 1981; *83*, 1981; *88*, 1981; *127*, 1981; *141*, 1981; *149*, 1981; *150*, 1981; *179*, 1981; *190*, 1981
List, Richard *3*, 1978
Lubliner, Malcolm *158*, 1980
Luyckx, Michel *222–226*
Mailles, Bernard *228*, 1980
Maneval, Monique *139*, 1973
Maréchaux, Pascal *113*, 1980; *133*, 1980
Masson, Alain *208, 209*
Michaud, Roland, Agentur Rapho *16; 151*, 1976
Monty, Christian *95*, 1973; *108*, 1975; *122*, 1975; *142*, 1976; *171*, 1973
Moreau, Anne *7; 92*, 1975; *109*, 1962; *240*, 1980; *248*, 1979; *261*, 1980; *262*, 1980
Moreau, Pierre *1*, 1970; *19*, 1970; *102, 106, 183; 189*, 1979; *239*, 1980
Musée de l'Homme, Paris *29, 52, 73; 98*, um 1950
Musée ethnographique Neuchâtel *121, 131, 132*
Museum of New Mexico, Santa Fé *110*, um 1900; *166, 200, 235, 236, 237*
›Naturbauweisen‹, Die Zeitschrift f. zeitgem. Bauen I. Jahrg. Heft 2, Berlin 1948: *323, 328, 329*
Oré, Ovidio *36*, 1981; *42*, 1981; *96*, 1981; *125*, 1981; *129; 156*, 1981
Oriach, Stephane *138*, 1979
Paccard, A. *176*
Pedrotti, Paul *210*, 1973
Pelos, Carollee und Bourgeois, Jean-Louis *145*, 1979
Peters, Robert *293*
Pidance, Dominique und Le Balh, Alain *31*, 1979; *63*, 1980; *231*, 1981 (Kopierte Zeichnungen)
Pivin, Jean-Claude *213; 238*, 1981
Pollack, E., Richter, E. ›Technik des Lehmbaus‹, Berlin, DDR, 1952: *309, 316, 317, 318, 330, 331*
Poulido, Ignacio Gomez *97*, 1976
Predock, Antoine *272, 274*
Renaudeau, Michel *25*, 1976; *119*, 1970
Roche, Emmanuelle *220*, 1979
Roche, Roger *79*
Rochette, Anne *43*, 1980; *229*, 1981
Rottier, Guy *260*
Sachs, S. ›Anleitung zur Erdbaukunst‹, Berlin, 1825: *310*
Salaun, Anne, Agentur Roger Viollet *55*, 1964
Sauvageot, Claude *48, 140*
Shamir, Marli *22*, 1970; *54*, 1969; *82*, 1970; *135*, 1970
Souhlal, Cartem *74, 93*
Stevens, André *4*, 1979; *38*, 1981; *41*, 1978; *116*, 1981; *144*, 1976; *177*, 1978; *180, 181, 286* (Grundriß)
Striedter, Karl Heinz *27; 118*, 1969; *169*, 1970; *174*, 1970; *175; 184*, 1975; *296, 297, 299; 300*, 1981; *303*, 1981; *304*, 1981; *305*, 1982
Theunynck, Serge; Widmer, Nicolas; Wagner, Paul; Gauthier, Luc; Favre, Daniel: *241–244* (Die Entwürfe stammen von diesen französischen Architekten)
Vincent-Alleaume, Yvette *12*, 1974; *39*, 1974; *72*, 1976; *146*, 1974; *147*, 1974;
Weyer, Helfried *84*, 1979